应力、侵蚀作用下风积沙混凝土服役寿命预测模型

李根峰　高　波　董　伟　申向东　朱　聪　著

北　京

冶 金 工 业 出 版 社

2022

内 容 提 要

本书系统地介绍了风积沙混凝土制备、不同工况下风积沙混凝土劣化进程及风积沙混凝土服役寿命预测模型。全书共分为 8 章，分别论述了风积沙理化特性、风积沙混凝土拌制技术要点、不同强度等级风积沙粉体混凝土研制，以及应力、冻融、盐侵等单一及耦合工况作用下风积沙混凝土劣化损伤机制，并提出风积沙混凝土服役寿命预测模型。

本书可供从事风沙资源开发、沙漠化治理、混凝土耐久性能研究等领域的研究人员、工程技术人员阅读，也可作为高等学校土木工程、水利工程等专业学生的参考书。

图书在版编目（CIP）数据

应力、侵蚀作用下风积沙混凝土服役寿命预测模型/李根峰等著 . —北京：冶金工业出版社，2022.9

ISBN 978-7-5024-9282-3

Ⅰ.①应⋯ Ⅱ.①李⋯ Ⅲ.①混凝土—耐用性—研究 Ⅳ.①TU528

中国版本图书馆 CIP 数据核字（2022）第 173744 号

应力、侵蚀作用下风积沙混凝土服役寿命预测模型

出版发行	冶金工业出版社	电　　话	(010)64027926
地　　址	北京市东城区嵩祝院北巷 39 号	邮　　编	100009
网　　址	www.mip1953.com	电子信箱	service@ mip1953.com

责任编辑　于昕蕾　李培禄　美术编辑　彭子赫　版式设计　郑小利
责任校对　石　静　责任印制　禹　蕊

三河市双峰印刷装订有限公司印刷

2022 年 9 月第 1 版，2022 年 9 月第 1 次印刷

710mm×1000mm　1/16；8 印张；156 千字；120 页

定价 48.00 元

投稿电话　（010)64027932　投稿信箱　tougao@cnmip.com.cn
营销中心电话　（010)64044283
冶金工业出版社天猫旗舰店　yjgycbs.tmall.com

（本书如有印装质量问题，本社营销中心负责退换）

前　言

　　面对与日俱增的环境保护、产业改革及经济发展的挑战与压力，绿色新型环保类建材的研究开发已变得刻不容缓。应力、侵蚀作用下风积沙混凝土服役寿命预测模型研究，不仅有利于开发新型绿色胶凝材料，降低河砂生产及消耗量，节约资源及能源，而且生产过程中几乎不排放二氧化碳等废气，助力应对气候变化，履行国际减排承诺。同时，该研究还为解决日益严峻的荒漠化问题及沙区经济发展提供工程思考，实现生态发展由"索取型"到"索取与反哺友好型"转化，实现沙漠地区经济结构发展由"单向投入型"到"投入与产出互哺型"转变。更重要的是，本研究还为环境友好型建材的快速发展与研究提供新的选择，有力地推动了风沙资源开发碱激发胶凝材料工程应用，研究成果的社会、经济及工程意义较为重大，应用前景较为广阔。

　　有鉴于此，本书针对目前"绿色新型建材"研发及推广过程中所遇到的技术挑战，如原材料选取、材料特性分析及实际应用等问题依据"碱激发改性原理"，从风积沙混凝土研制、风积沙混凝土劣化进程研究及风积沙混凝土服役寿命预测三个大方面出发进行讲述。第1章为绪论，第2~6章为风积沙混凝土制备及劣化进程研究，第7章为风积沙混凝土服役寿命预测研究，第8章为结论及展望。

　　本书主要服务于从事土木工程学科、水利工程学科、安全科学与工程等相关研究领域的学者、工程师、科学技术人员，也可供新型建筑材料研发等专业研究领域的科学研究人员阅读和参考。

　　在本书编著过程中，作者参阅了许多相关论著、论文和研究成果，并采纳了其中的一些成果，在此对编著单位和个人致以衷心的谢意。本书出版得到重庆市自然科学基金博士后基金（CSTC2021JCYJ-

BSH0230）、重庆市教委科学技术研究项目（KJQN202001313、KJQN202201311）、重庆文理学院引进人才项目（R2019STM08）、重庆市自然科学基金（CSTC2021JCYJ-MSXM3200）等纵向科研项目学术专著出版资助。同时，本书特别得到内蒙古农业大学申向东教授、重庆大学丁选明教授等人的悉心指导与建议，特此表示感谢。

　　"绿色新型建材"研发技术发展迅速，研究内容广泛，书中难免存在不妥之处，恳请读者批评指正。

著　者

2022 年 6 月

目　　录

1 绪　　论

1.1　课题研究背景及意义

混凝土是现今用量最大的人工建筑材料，原材料之一的砂的消耗量也非常大，已经不能满足工程需求，急需开发替代品。

风积沙指的就是风吹之后形成的沙层，该资源总量巨大，分布较广，所以可以根据环境来进行沙石选择，普通砂与风积沙在应用上性能相差不大，使用其作为原料可以制造风积沙混凝土，用于建筑行业。

一般来说，风积沙混凝土在普通环境下性能平稳，但如果环境较为特殊，其耐久性的保持就是一个大难点[1]。最近这些年，通过实证证实混凝土的耐久性问题无论在哪个国家一直都是一种困扰，混凝土的耐久性直接影响到建筑的使用年限，这一问题对社会经济来说也是一种损耗。以目前情况来看，发达国家在混凝土耐久性方面付出的资金是相当巨大的，甚至远远超过工程本身。就我国的项目而言，混凝土耐久性同样需要进一步研究，若是在环境较为恶劣的情况下，一般来说，混凝土的耐久性最多只能支持 20 年[2]。按照相关依据，目前我国大概有 50% 的混凝土结构要重新进行加固，特别是沿海地区、寒冷地区以及经受常年风沙的地区，除此之外还有盐碱度较高的地区，其混凝土的耐久性一般不长[3]。根据资料记载，在我国较大的几个沙漠中，都富有可溶盐，其可溶盐的浓度一般为 0.14‰~1.32‰，在 pH 值方面，一般为 8.4~9.6，而对于这些可溶盐来说，一般是呈碱性，原因在于氯化物和碳酸盐。所以我国北方的沙漠中，影响混凝土耐久性的因素包含风蚀与盐侵以及干湿交替还有冻融等。要想使这些风积沙混凝土在这么多的影响[4]之下确保耐久性就必须使其抗恶劣环境因子得到提升，使其具有较强的抗损害性能，这个问题同样是我国北方混凝土工程面临的主要问题。

就目前情况来看，我国正在进行西部大开发，其中一些较为重要的工程，包括大型油田建设与西气东送项目以及青藏铁路工程等，这些工程都正处于兴建或是规划阶段，而且这些工程大部分都要经过沙漠，必须确保其混凝土的耐久程度至少达到 50 年[5]。这就是需要及时解决难点。就这些工程来说，在确保混凝土耐久性即使用寿命之外，还必须控制投资成本，还需保持当地环境不被破坏，这些问题都与工程的顺利实施与投入使用关系密切，而且还与我国混凝土工程的未来发展联系紧密，属于科技方面的难点。所以，地理位置属于寒冷与高盐以及风沙较大的地区，在混凝土的使用上，需要着重考虑材料质量与变形问题，还有自然影响因素等，这些都是我国进行西部开发时需要着重解决的问题，其对西部建设有着非凡的意义，是一种急需得到处理的理论难点，对社会和国家都具有相当重大的意义，也是未来风积沙混凝土发展的关键点[6]。对于混凝土来说，其耐久性表示的是该物质于不同环境中能够维持的性能以及对抗恶劣环境的能力。钢筋混凝土的耐久性包含碳化与抗侵蚀性能以及抗冻性能[7]等。在最近这些年间，耐久性问题一直都是工程质量的关注点，目前为止已经发生了多起由混凝土耐久性引起的工程质量问题，这一问题在全球都是被看重的，属于一个热点问题[8]。就混凝土来说，在耐久性的评价指标上，抗冻性就是其中一个。冻融破坏这一问题不管是在铁路项目还是在城市立交桥项目上都有存在。北欧几乎近 1/3 的混凝土结构物需要具有足够的抗冻融性能[9]。但是就我国而言，很多省市都处于北温带，在北回归线以北，而且很多地区气候都较为寒冷，对于这些地区来说，混凝土受到冻融破坏是非常正常的。特别对于东北地区来说，一般情况下，混凝土都经受过冻融破坏，而且较为严重。其中包括东北地区的云峰水电站，这一水电站从竣工到坍塌仅仅经过了 10 年，原因就在于混凝土表面由于冻融而被破坏，损害了 10000m² 的表面积，达到了大坝总面积的一半，其被侵蚀深度超过了 0.1m[10]。同样还有黑龙江建于 1995 年的哈绥公路，仅使用了 2 年就被冻融破坏，而且因为冰盐的作用还导致了剥蚀破坏，被毁坏长度超过了 195000m。乌鲁木齐在 2000 年竣工的国际机场中的一些防撞墙以及隔离墩也因为冻融在短时间内就受到极大的损害，可以看出冻融问题在混凝土的使用中非常值得关注。另外还有天骏大桥以及北京的西直门立交桥等工程都或多或少被冻融问题困扰，很多的过程破坏都是由冻融引起的。

自 19 世纪末混凝土首次出现并应用于土木工程以来，混凝土已成为全球广泛生产并普遍应用的建筑材料[12]。但由于众多耐久性问题的存在，混凝土结构维修费用较当时新建工程造价偏高，导致经济的极度浪费。根据有关文献记载，就英国而言，其近 15 年在建筑与土木工程方面投入的维修费用大概是每年 150 亿英镑，在这些投入中，用于混凝土的资金就占到了很大一部分；而就美国而言，在 1991 年因耐久性差而导致的桥梁破坏维修支出就达到了 910 万美元；中国每年将花费 5000 亿元人民币左右用于加固维修钢筋混凝土工程[13]。由此能够看出混凝土的耐久性问题急需进行处理，必须尽快找到相应措施。

就混凝土而言，环境不同，其耐久性也有差异，如果地理环境较为严寒，那么其需要抵抗的破坏不是只有冻融一种，还需要对腐蚀溶液还有荷载等问题加以思考，针对这些方面，我国的相关学者做出了具有针对性的研究与分析，而且也得到了一些不错的成果。但是就实际情况来说，很多意外是不可避免的，比如使用混凝土为原料的建筑物在使用中遭受到意外撞击，也会对冻融破坏有影响，更加容易破坏混凝土的耐久性。如 2002 年美国 I -40 大桥因驳船撞击桥墩而引发坍塌事故，2006 年中国南海九江大桥桥墩由于运砂船的不慎撞击亦引发了严重的桥面坍塌事故。近年来，地震等自然灾害频频发生，根据震后混凝土结构物内部受损程度鉴定结果，可对其薄弱部分进行相应的加固处理，延长抗冻使用寿命，减少经济损失。由此可见，研究应力损伤混凝土的抗冻融性能，对灾变后混凝土结构物的耐久性评估、寿命预测[14-31]以及加固维修等具有重要的指导意义。

就混凝土来说，氯盐侵蚀也是造成其耐久性降低的主要原因[32-37]。混凝土结构物因氯盐侵蚀而提前失效破坏的例子屡见不鲜，在我国沿海、西北及西南地区的地下水、盐湖中均含有氯盐，使处于这些环境中的混凝土结构物由于受到氯盐的侵蚀而失效破坏，导致其耐久性大大降低。例如四川崇州的一个水电站，因为氯盐侵蚀了引水隧洞造成了混凝土的强度消失；还有位于黄河中上游的刘家峡水电站以及青海朝阳水电站等，这些工程都因为氯盐侵蚀而导致破坏严重。为此，一些学者对混凝土抗氯盐腐蚀性能进行了研究，并得到混凝土构件的暴露条件及侵蚀环境可预估混凝土结构的损坏速率。但是，当选择混凝土作为原料进行施工时，如果方式使用不正确，或者意外受荷载亦或是遭受地震、火烧等自然灾害，就会使得混凝土的内部出现裂纹，进而持续延伸，也就是说，这些裂纹一般是利用骨料以及胶凝材料来进行延伸的，荷载越强，延伸越远，最后造成大量破坏，氯离子更容易进入混凝土内部，使得处于氯盐环境中的受损混凝土结构物雪上加霜，加速了混凝土结构失效破坏的进程。由此可见，研究受损混凝土结构在氯盐环境下的腐蚀性能，就被破坏的混凝土展开耐久性评测以及使用年限估计还要加固维修等来说，是非常有意义的。

另外，混凝土结构处于不同的约束状态下因收缩引起拉应力，当混凝土的抗拉强度小于该拉应力时，就会引起混凝土的开裂。而抗裂性能是其他因素的基础，由于出现裂缝，直接接触水及增加其他有害介质的面积并深入进混凝土内部，使抗渗能力大为降低，其他耐久性因素均有可能产生长期的、缓慢的、各类不同形式的有害膨胀，逐步使强度损失率、重量损失率增大，动弹性模量减小，最终导致混凝土功能的丧失。常见的混凝土收缩种类有化学减缩、塑性收缩、温度收缩、干燥收缩、碳化收缩、自收缩等，其中混凝土的自收缩一般发生在初凝之后，当混凝土由流态转向黏弹性固态时，由于内部水量减少，孔隙和毛细管中的水也逐步被吸收减少，导致水蒸气处于不饱和状态，使毛细管中的液面形成弯月面，最终产生毛细管收缩应力，使水泥石受负压作用，成为凝结和硬化混凝土产生自收缩的主要动力。混凝土的收缩受各种因素的影响较大，主要包括水泥品种、矿物掺合料种类、骨料、环境温度和湿度、养护条件、龄期、结构特征等，在单一及耦合因素影响下，混凝土抗收缩性能变化较大，有必要进行较为深入的分析研究。

1.2 混凝土耐久性能研究现状

1.2.1 混凝土受冻机理研究

对于含有水或是需要和水进行接触的混凝土来说，会因为长期处于正负温度频繁更换的环境中而导致由外至内的剥蚀，也就是冻融损伤。一般来说，冻融破坏包含两种形式，也就是表面剥落以及内部裂纹延伸。接近混凝土表层的孔[34]很容易从外部吸水饱和，使得混凝土表层开裂严重，进而引起表面水泥、集料的剥落；同样，内部大孔也可能因吸水饱和而导致混凝土内部开裂受损。在混凝土的冻融问题上，各国学者都有所研究并且还提出了大量假想，例如渗透压理论以及吸附水理论等。在这些相关理论模型中，相对来讲，静水压理论以及渗透压理论[38-44]比较有说服力。普遍来讲，静水压理论在水胶强大且混凝土强度低的情况下作用是不明显的，但是如果混凝土处于盐浓度较高的环境中，渗透压理论的作用则较为明显。

混凝土属多孔结构类材料，内部孔结构是影响其抗冻耐久性的主要因素，赵霄龙等[45]利用压汞法测试混凝土孔结构，在对混凝土冻融时的抗冻性以及孔结构变化关联进行了研究之后得出，在混凝土被冻融期间，其抗冻性劣化的原理与打孔含量增加密切相关。如果混凝土所处的环境含盐量较高，那么一旦温度下降，其就会和冰晶作用出现收缩，而且在收缩能力上，冰晶是混凝土的 5 倍之多。由于这一原因，混凝土的表面会出现拉力进而使得表面裂缝延伸，最终造成混凝土剥落。而且就混凝土在盐冻环境中的孔壁受力研究，该学者也有所成就。Steiger[46]从热力学角度出发，推导出考虑过饱和度晶体溶液界面曲率两因素的结晶压力计算公式。Espinosa 和 Franke 则研究了孔隙尺寸对盐晶体形成过程的影响，并在此基础上建立了有关结晶应力的数学模型，该模型可以分析不同孔隙内盐晶体的分布情况并可预测晶体表面的应力大小。文献对有关盐冻破坏机理的多种假设分别进行了阐述与总结，其中 Scherer[47]和 Lubelli 均指出，进行混凝土干燥处理时，会因为孔隙内部的盐溶液饱和度过高而导致结晶盐出现膨胀应力，使受冻混凝土表层发生剥蚀破坏。

实际上，就寒冷地区而言，混凝土不仅要抵抗冻融循环的破坏，除此之外还有载荷影响、盐溶液影响等。而外载荷会造成处于冻融过程中的混凝土出现裂缝延伸，使得混凝土冻融破坏更加严重，但是晶盐的应力作用不但会造成混凝土表面剥落，还会致使内部裂缝出现扩展，使其抗冻性劣化更为严重。所以很多专家都就这两方面对混凝土展开了分析与讨论。刘荣桂等[48]建立了受初始疲劳荷载作用后混凝土的冻融损伤模型，并指出初始疲劳荷载的存在加剧了混凝土抗冻融性能的劣化速度。慕儒等[49]在对混凝土的冻融循环以及外载荷两个方面进行了研究之后得出结论：应力比的提升会致使混凝土的抗冻性出现明显降低，并且还说明了多因素耦合会导致混凝土破坏的程度加剧，相比之下，单一因素造成的混凝土破坏，其破坏度远远不及多因素，而且劣化速度也比较高。孙伟等[50-51]指出在氯盐溶液中冻融循环的混凝土试件比在水中的试件结垢更严重，在氯盐溶液中试验的试件失重是在水中试验的两倍。然而，与水相比，由于氯盐溶液的凝固点下降，混凝土试样在氯盐溶液中的动弹性模量下降速度比在水中慢。研究还表明，在多种类损伤过程中，混凝土的性能退化明显加快。应力比越大，混凝土能够承受的冻融循环就越少。当加入钢纤维时，暴露在多重损伤过程中的钢纤维增强混凝土的性能退化可以大大延缓。刁波等[52]学者在针对载荷展开了研究之后得出结论：当载荷处于持续状态时，钢筋混凝土的破坏速度有显著提升，而且因为载荷的持续加大，梁承受载荷的能力及其变形能力均迅速减弱。余红发等[53]在经过研究之后得出，混凝土会因为弯曲荷载的作用而使得其抗冻融性能与其弯曲荷载比成反比，即当弯曲荷载比加大时，混凝土的抗冻融性能出现降低。刘燕等[54]通过自行设计研制的长期弯曲荷载持载装置，对4种不同粉煤灰掺量的钢筋混凝土构件进行弯曲应力损伤下的快速碳化试验。测量构件碳化深度，研究粉煤灰掺量、弯曲应力水平对其产生的影响，提出钢筋混凝土碳化损伤拉压影响系数，并分析拉应力下素混凝土和钢筋混凝土碳化损伤的差异。研究结果表明：粉煤灰掺量的增大会提高构件碳化深度，弯拉应力加剧了构件碳化损伤，弯压应力抑制了构件碳化损伤，拉应力作用下素混凝土和钢筋混凝土构件在碳化深度和碳化损伤趋势上均有所差异。胡大琳等[55]研究指出，随着初始弯曲应力水平的增加，2组试验梁破坏形态由1条主裂缝变为多条裂缝并存，并且延性明显降低；跨中压应变斜率及拉应变均逐渐增大，跨中应变分布已经不能完全符合平截面假定。根据试验梁的荷载位移曲线可知，混凝土强度等级的提高明显提升了试验梁抗冻融-碳化腐蚀的能力；弯曲应力水平增加会导致试验梁的承载力（屈服弯矩、极限弯矩）降低，且其大致呈线性关系。通过ANSYS有限元数值模拟与试验梁的承载力实测数据对比，归纳出冻融-碳化作用下不同弯曲应力水平对钢筋混凝土梁材料本构的修正系数 φ，可为严寒地区在役钢筋混凝土桥梁承载力衰减分析评估提供参考和简化分析方法。高奥东等[56]对不同强度以及冻融循环次数下的混凝土材料微观模型进行有限元分析，建立混凝土塑性损伤模型，综合考虑温度场、热应力等各方面参数，通过数据分析及拟合，得出C30、C40两种强度混凝土随冻融次数增加呈现出的应力、应变、损伤度变化规律，并将其与实际室内冻融试验作比较，验证该模拟方法的可行性，并采用有限元动力学软件LS-DYNA模拟几种冻融前后混凝土试件的SHPB试验，分别采用4种不同的子弹撞击速度，从而获得几组试件在不同高应变率条件下的应力-应变曲线、损伤演化规律和破坏准则。王燕等[57]采用试验研究、理论分析及其相结合的研究手段，围绕冻融损伤后混凝土材料动力本构、混凝土与钢筋粘结行为、钢筋混凝土构件抗震性能等问题进行试验研究和理论分析，并在低周反复荷载试验的基础上，提出了冻融损伤钢筋混凝土柱"指向定点"的刚度退化三线型恢复力模型，并给出模型骨架曲线特征点的确定方法，提出卸载及其再加载的计算公式。

但是，实际进行建造时，混凝土不但会受到这一个因素的影响，它需要抵抗的因素也是多方面的，这些因素都会造成不同程度的应力破坏。而且这些破坏会使得混凝土的冻融破坏速度加快，有鉴于此，有必要对其预应力破坏下的抗冻融性能展开研究与分析，这也是非常关键的。

1.2.2 混凝土受氯离子侵蚀研究

在相应的环境中，氯离子会利用混凝土内的孔隙进入内部，然后和混凝土的一些组成产生化学作用，导致膨胀应力[58-59]，如果这一应力大于混凝土的抗拉强度，那么其强度就会降低，还可能出现裂缝，最终造成其性能降低。就其性能的下降来说，一般有两个影响因素，也就是其自身的材料结构以及混凝土的使用范围还有就是其所处环境的侵蚀溶液[60]。

就混凝土中的氯离子来说，其包含两个部分，即固态氯离子以及游离氯离子。在固化作用上其主要包含物理吸附与化学结合两个形式。就物理方面来说，其结合力不强，其吸附氯离子很容易就会被损害变成游离状态。

当混凝土内部渗入了氯离子之后，一些氯离子就会和水泥中的一些产物进行结合并且吸附上。经过研究之后发现，氯离子能够和水泥内的 $Ca(OH)_2$ 以及 C_3A 等化合物作用形成容易溶解的 $CaCl_2$ 以及包含结晶水且体积较大的固态化合物，最终造成混凝土的膨胀破坏。经微观检测发现，该部分固化物主要为 Freidel 盐（$3CaO \cdot Al_2O_3 \cdot CaCl_2 \cdot 10H_2O$），形成的 Freidel 盐可以在混凝土中稳定存在[61-64]。除此之外，被氯盐侵蚀的混凝土内部还有氯化钙（$3CaO \cdot CaCl_2 \cdot 12H_2O$）等氯盐生成物存在。

在对混凝土的抗氯盐侵蚀性能进行了研究之后发现，其实验方式有两类，一种是现场实验，另一种则是实验室加速实验[65-66]。出于对实验时长的考虑，目前普遍使用的是第二种方式。实验室加速途径通常有以下 4 种：

（1）增加试件的反应面积。当体积一致时，建筑物的受侵蚀面积与其表面积成正比，而且侵蚀速度也与表面积成正比。要想使得实验速度提升就必须在试件的大小上做出正确选择。不过如果试件较小，就会造成其离散性过大。申春妮等学者在试件的选择上做出了相应研究，发现试件大小不同其抗氯盐腐蚀性的能力也不同，而且还得出了氯盐加速实验的最优解。

（2）采用干湿循环交替法。就这一方式而言，其一般是利用结晶的压力来使混凝土的抗氯盐侵蚀速度提升。美国垦务局经过相关研究之后认为，相对之下，持续浸泡造成的混凝土劣化速度远不及干湿交替。Cody 等人进行了相应研究，其将混凝土放置于冻融循环与连续浸泡以及干湿循环环境中，然后对其膨胀程度进行分析，发现其膨胀率在干湿循环条件中最大，在持续浸泡条件下最小。

（3）提高侵蚀溶液温度。根据 Arrhenius 方程能够知道，当温度上升10℃时，其化学反应的速度也会提升 2~3 倍。氯离子的扩散速率随温度的升高而加快，离子运动和化学反应的速率也相应加快，从而提升氯盐对混凝土的侵蚀速度。U. Schneider 等[67-68]在经过相关实验后认为温度的上升会导致氯盐侵蚀加剧。

（4）增大试件的渗透性。在水灰比（m_w/m_c）加大的条件下试件的渗透性得到提升，这样侵蚀溶液就很容易到达试件的内部，使其侵蚀速度提升。不过如果水灰比超过 0.6，该实验的准确度就会下降。因此，不同的研究者采用不同的试验方法，研究实际工程中的风积沙混凝土抗氯盐侵蚀性能，研究对象不同，得出的结论也不尽相同。

此外，学者们也对氯离子侵蚀作用下混凝土劣化特性进行了相关研究，具体如下：马俊军等[69]采用 Monte Carlo 方法建立了超高性能混凝土（UHPC）细观随机骨料模型，在此基础上，考虑材料组分和骨料等随机分布对氯离子扩散效应的影响，提出了基于细观尺度的 UHPC 氯离子侵蚀预测 CA 模型，氯离子在 UHPC 截面内的分布大致可分为快速下降、平稳下降和稳定三个阶段。鞠学莉等[70]根据混凝土多相复合材料的细观组成结构，建立考虑粗骨料为凸多边形的混凝土细观数值模型。基于氯离子侵蚀混凝土的有限元数值模拟仿真方法，评估得到混凝土细观模型中氯离子一维、二维侵蚀的浓度分布，并建立氯离子一维、二维侵蚀模型，指出在氯离子二维侵蚀下 RC 方桩的服役寿命预测值较一维侵蚀提前了约34%，RC 结构的服役寿命大幅缩短。李万金等[71]研究指出骨料分布对氯离子扩散过程的影响可忽略，随着骨料体积分数的增加，氯离子扩散速度先减小后增大，而骨料级配与氯离子扩散速度没有明显的相关度。同时，随着 ITZ 厚度和 ITZ 扩散系数的增加，氯离子扩散速度小幅增加。张跃等[72]研究指出，随着水灰比的增大，氯离子扩散系数逐渐增大，从而加剧了氯离子的侵蚀作用。混凝土饱和度越大，氯离子的扩散速率越快，从而导致混凝土的服役寿命缩短，当饱和度超过75%时，混凝土的服役寿命变化趋势逐渐趋于稳定。此外，昼夜温差越大，其对扩散系数的影响越显著，但总体而言，昼夜温差的变化对混凝土服役寿命的影响并不突出。宋鲁光等[73]利用自然浸泡法研究了持续荷载—干湿循环—氯盐三重因素耦合作用下矿渣混凝土的抗氯离子侵蚀性能。结果表明，在三重因素作用下，掺加矿渣的混凝土各深度的自由氯离子含量均小于未掺加矿渣混凝土的，掺加矿渣混凝土的表观扩散系数小于未掺加矿渣混凝土的，未掺加矿渣混凝土的表观扩散系数为掺加矿渣各组混凝土表观扩散系数的 2~3.5 倍，掺量为 60%组的混凝土表观扩散系数最小。Shang Huaishuai 等[74]通过弯曲黏结试验，测定了埋入混凝土中钢筋的黏结强度和滑移率。根据试验结果，单独重复荷载水平越高，黏结强度越低。梁试件在反复荷载和氯离子侵蚀耦合作用下的黏结强度低于单独重复荷载或氯离子侵蚀作用下的黏结强度。当腐蚀率超过 1.5%时，黏结强度逐渐降低。劈裂破坏时，在氯离子侵蚀和重复荷载的耦合作用下，钢筋与混凝土之间的滑移随重复荷载水平的增加而减小。根据试验结果，提出了黏结强度-滑移本构关系。Ghanooni Bagha Mohammad 等[75]分析了点蚀应力集中引起的钢筋抗拉强度变化。通过拉伸试验和创建不同的 ABAQUS 软件模型，研究了腐蚀对钢筋抗拉能力的应力集中后果。根据不同腐蚀深度下的建模，坑半径与钢筋直径比高达 0.3 的腐蚀中，强度降低小于 5%，对于大于 0.4 的腐蚀，容量降低的措施增加到 30%。Dong 等[76]指出不同腐蚀速率的桥墩在侧向冲击下的破坏模式不同。无腐蚀和低腐蚀率桥墩被弯曲剪力破坏，弯曲剪力由横向弯曲裂缝和斜向剪切裂缝共同控制。中等腐蚀速率桥墩是由斜向剪切裂缝引起的弯曲剪切破坏。高锈蚀率桥墩是弯剪裂缝和锈胀裂缝的共同作用。冲击速度、冲击质量和冲击次数的增加会增加锈蚀桥墩的最大挠度和损伤，但增加程度不同。将冲击次数从 1 增加到 5，最大挠度增加了 26.3 倍，损伤单元数量增加了 4.3 倍。提高混凝土抗压强度可以减少桥墩的破坏，但程度较小。将抗压强度从 25MPa 提高到 45MPa，最大挠度和损伤单元数量分别减少了 10.7%和 9.4%。Tian Yaogang 等[77]研究指出，再生骨料携带的 Cl⁻部分扩散到水泥砂浆中，大部分分布在 ITZs 中，Cl⁻加速了水泥水化，并产生少量的弗里德尔盐来优化孔结构，在早期阶段这对提高旧砂浆与新砂浆（OM-NM）、旧骨料与新砂浆（OA-NM）之间的 ITZs 强度和性能有很好的作用。然而，随着 RA 腐蚀程度和混凝土龄期的增加，内腐蚀产物、弗里德尔盐等的数量会增加，导致后期强度降低，OM-NM 和 OA-NM 界面性能变差。Wen Qingqing 等[78]所提出的 CA 模型能够有效、准确地模拟氯离子在混凝土中的扩散过程，引入的损伤模型可以量化氯离子引起的损伤与腐蚀时间之间的关系，建立的 MATLAB 程序可以有效地应用于锈蚀钢筋混凝土梁的非线性分析，并考虑几何非线性、材料非线性和腐蚀的共同作用，计算结果能更准确地描述钢筋混凝土结构的实际受力过程。

综上所述，国内外学者对氯盐侵蚀作用下混凝土的劣化进程、破坏机理及损伤模型等方面进行了大量研究，明确了氯离子作用下混凝土劣化产物及界面过渡区演变过程，但对于以风积沙混凝土为研究对象、以应力损伤及氯离子侵蚀耦合作用下风积沙混凝土劣化机理的研究相对较少，有必要进行深入探讨。

1.2.3 混凝土自收缩特性研究

收缩是混凝土本身所固有的物理特性。混凝土受到约束时，收缩会导致混凝土产生收缩应力，当应力超过混凝土的抗拉强度后，混凝土产生裂缝。裂缝对混凝土的耐久性有很大影响，导致混凝土劣化的继续进行。用风积沙替代普通砂拌制的风积沙混凝土的工程应用也受到其收缩变形因素的影响。国内外学者主要从以下几方面进行了研究。

付士健等[79]研究指出钢板对高强混凝土的约束作用范围是有限的，且约束作用在空间分布随着和钢板的距离增大而减小，混凝土达到规定龄期后，钢板的约束度趋于稳定。尝试性地利用悬臂梁模型分析了配置钢板或钢筋的高强混凝土自收缩问题，计算结果和试验结果较接近。邓宗才等[80]研究指出膨胀剂或减缩剂单掺均提高 UHPC 扩展度；膨胀剂或减缩剂单掺均降低 28 天抗压强度。掺膨胀剂、减缩剂 UHPC 的 28 天自收缩发展可分为 3 个阶段：快速发展期、缓慢发展期、平稳期，单掺膨胀剂或减缩剂均有效抑制 UHPC 各阶段的自收缩，其中，膨胀剂 HP-CSA 质量分数为 6.0%时减缩效果最佳，28 天减缩率达 93.6%。李长杰等[81]研究指出延长高钛重矿渣砂预湿时间有助于缓解混凝土内部相对湿度的降低和减小自收缩变形；位于 II 区且细度模数为 2.8~3.0 的高钛重矿渣砂能明显降低超高性能混凝土自收缩；少量渣粉对超高性能混凝土的自收缩影响较小，当渣粉含量超过一定值后，自收缩变形显著增加。岳晓东等[82]提出碱渣内养护剂的评定标准，并使用优选碱渣内养护剂研究其对低水胶比混凝土力学性能、自收缩及早期抗裂性能的影响。分析表明，碱渣内养护剂减小混凝土自收缩的原理是减少了水泥和硅灰的量，从源头上减少了部分自收缩；碱渣中含有硫酸钙，可以与 C_3A 反应生成钙矾石，体积膨胀，抵消部分收缩；碱渣的多孔结构使得内部水分缓慢释放，使得混凝土内部相对湿度下降速率减慢，减小了混凝土自收缩发展的原动力。钟佩华等[83]综合考虑 SAP 的种类、吸水率、掺量以及附加水胶比等因素，对高强混凝土自收缩、力学性能以及耐久性等开展了试验研究，并在此基础上采用相对湿度监测、压汞分析（MIP）、X 射线衍射分析（XRD）、扫描电镜分析（SEM）、微量热分析等表征手段，探讨了 SAP 对混凝土性能的影响机理。结果表明：SAP 的掺入在一定程度上能提高混凝土抗氯离子渗透性能、抗冻性能以及抗碳化性能等耐久性；微观测试表明，掺 SAP 的水泥水化产物孔结构中的大孔（>10μm）数量增多，但是出现较多封闭的球形孔，随着龄期的延长，SAP 释放的水分能提高 SAP 周围水化产物的密实度，表明发生了进一步的水化反应。此外，SAP 释放水分能促进水泥水化，提高混凝土密实度。江晨晖等[84]提出了描述混凝土自收缩与抗压强度关系的二次多项式模型，讨论了水胶比、矿物和化学外加剂、养护温度等因素对模型的影响。建议的自收缩强度模型可应用于总骨料含量为 1500~1841kg/m³、砂率为 36.8%~45.3% 的混凝土混合料。Hilloulin Benoît 等[85]提出高吸水性聚合物（SAP）是降低高性能、超高性能混凝土自收缩的非常有效的手段，并结合 SAP 和 SCM 的胶凝材料收缩/膨胀预测提供了一种机器学习方法，极端梯度 Boosting（XGBoost）模型显示了最高的精度。来自工程学院的研究人员报告了材料科学领域的新研究和发现的细节（火山灰反应性及稻壳灰对混凝土早期自收缩的影响）[86]。Shen Dejian[87]研究表明图形化抽象提出的考虑早期膨胀和 IC 用水量的 SAP 内养护混凝土 AS 估算模型与试验结果具有较好的一致性，高吸水性聚合物（SAP）可以为混凝土的水化提供额外的 IC 水，从而抵消自干燥的影响。Zhuang Yizhou[88]研究了轻骨料类型对轻骨料混凝土（LWAC）早期自收缩的影响。研究表明，早龄期自收缩包括液相、骨架形成阶段和硬化阶段，还受筒体抗压强度和轻骨料吸水率的影响。Ji Tao[89]采用波纹管系统测量了混凝土的总早期收缩和线膨胀系数，证实了混凝土早期自收缩取决于粗骨料对硬化水泥浆体（HCP）的约束强度和有效水灰比（m_w/m_c）。西北大学的研究结果在材料科学（模型 B4 对混凝土干燥收缩和自收缩的统计验证以及与其他模型的比较）上有了新的发现[90]。H. Hubler Mija[91]研究了模型 B4 对混凝土干燥收缩和自收缩的统计验证以及与其他模型的比较。

综上所述，国内外学者对混凝土自收缩过程中水胶比、砂率及 SAP 掺料等方面均进行了较多的研究，明确了混凝土自收缩的影响因素及内养护的作用阶段，但以风积沙为细集料制备的风积沙混凝土为研究对象、以其早期自收缩为切入点的研究相对较少，有待进一步深入。

1.2.4　混凝土服役寿命预测模型研究现状

混凝土服役过程中受环境因素的影响较大，其服役状态也出现较大变化，国内外学者针对这一现象，从不同理论、不同服役环境影响角度出发建立混凝土服役寿命预测模型，具体如下。

陈宣东等[92]采用 Monte Carlo 法建立了钢筋混凝土结构耐久性失效的概率模型，Monte Carlo 模拟次数为 10000 次时，既节约计算资源又满足计算精度。采用概率方法（$p_{fmax}=5\%$ 和 10%）计算的结构服役寿命比用确定方法计算的服役寿命短，确定性模型低估了 Cl⁻ 侵蚀引起的耐久性失效。对水灰比、混凝土保护层厚度、粉煤灰掺量、表面 Cl⁻ 浓度、临界 Cl⁻ 浓度参数化分析结果表明，保护层厚度对服役寿命影响最为显著。吴彰钰等[93]选取 3 种不同矿渣掺量的高性能矿渣混凝土进行实验室自然扩散和海洋浪溅区现场暴露试验，基于可靠度理论和修正氯离子扩散理论的 ChaDuraLife V1.0 寿命分析软件，对海洋浪溅区的高性能矿渣混凝土结构进行寿命分析与研究，结果表明：随着服役时间的延长，海洋环境下高性能矿渣混凝土结构的失效概率逐渐增大，可靠度指标逐渐降低。随着矿渣掺量和保护层厚度的增大，高性能矿渣混凝土结构的服役寿命呈增长趋势。海洋浪溅区环境下，矿渣含量为35%、粉煤灰含量为15%、强度等级为C50的高性能矿渣混凝土在保护层厚度取7cm、8cm和9cm的情况下，其服役寿命分别可以满足50年、100年和120年的使用寿命要求。达波等[94]基于修正氯离子扩散理论和可靠度理论的寿命分析软件ChaDuraLife V1.0，选取4种配合比的全珊瑚海水混凝土（CASC）进行实验室海水浸泡试验，研究了不同混凝土强度、不同养护龄期和不同暴露时间CASC的表观氯离子扩散系数（D_a）、表面自由氯离子含量（C_s）及D_a时间依赖性指数（m）的变化规律，探讨了保护层厚度和混凝土强度对CASC服役寿命的影响，提出了适应于热带海洋环境CASC的最小保护层厚度和混凝土强度等级的要求。结果表明：CASC的D_a和C_s随着暴露时间的延长分别呈幂函数的降低趋势和幂函数的增长趋势；对于失效概率为5%～10%的CASC，当保护层厚度为7.5cm、混凝土强度等级为C50时，其使用寿命可达17～19年。张云清等[95]研究了混凝土构件在室内快速盐冻条件及室外自然暴露盐冻条件下的相对动弹性模量变化、表面剥蚀及其损伤劣化过程与机理、氯离子扩散规律、抗弯承载力与变形等规律，根据混凝土构件承载力的耐久性退化作用和可靠度理论，建立了盐冻作用下混凝土结构的3阶段（诱导期、劣化期和失效期）服役寿命理论模型。金祖权等[96]研究了混凝土在氯盐-硫酸盐-镁盐-弯曲荷载单一、双重和多重破坏因素下的氯离子扩散规律，并剖析了不同类型混凝土在不同腐蚀环境下对氯离子的结合能力及规律，又基于青海盐湖卤水中混凝土损伤失效和抗氯离子扩散研究，对青海盐湖严酷环境使用的混凝土进行了优选和优化，建立了混凝土氯离子扩散系数与硫酸盐浓度、氯盐浓度、时间相关的理论模型。并以菲克第一定律为基础，综合考虑弯曲荷载、粉煤灰掺量、养护龄期、保护层厚度、温度等综合因素的影响建立了我国西部地区大气环境中基于碳化为主的结构混凝土寿命预测新方程；以菲克第二定律为基础，综合弯曲荷载、混凝土对氯离子的结合能力，特别是荷载、硫酸盐、氯盐的交互作用，建立了多重破坏因素作用下结构混凝土的寿命预测新模型。李北星等[97]采用灰色关联理论研究了硫酸盐浓度、水胶比、矿物掺合料及外加剂等因素对混凝土抗压强度的影响，通过建立多元灰预测模型分析了硫酸盐侵蚀环境下混凝土的强度劣化规律及服役寿命。结果表明：强度影响因素的灰色关联度由大到小的排序为：水胶比、硫酸盐浓度、测试龄期、粉煤灰掺量、矿粉掺量、早强剂掺量。多元灰预测模型呈现出较高的精度以预测硫酸盐侵蚀环境下混凝土的强度劣化规律和服役寿命。Yi Chaofan等[98]提出了一个非均匀数值模型来描述与含有集料的水泥基体系相关的硫酸根离子的二维扩散反应行为。它基于菲克第二扩散定律和反应动力学，以及拉伸本构定律。双向行走方法被采用以考虑聚集的存在，随机分布。结果表明，在胶凝体系中引入集料可以有效地阻碍硫酸根离子的扩散反应行为。该模型决定性地揭示了更大的聚集尺寸和更大的聚集分数一起帮助控制硫酸盐的侵入和任何随后的开裂。Mohamed R. Sakr 等[99]通过参数化研究，探讨不同因素对海洋环境下钢筋混凝土结构使用寿命的影响，采用有限元方法对选定的腐蚀萌生模型进行求解，得出腐蚀萌生于边筋之前的角筋处。此外，受二维扩散的混凝土单元比受一维扩散的单元更容易发生腐蚀，结果表明，粉煤灰和高炉渣的加入，由于龄期系数提高了 25%~200%，使用寿命提高了 6.35%~69.7%。此外，添加 5%~15% 的硅灰可使使用寿命提高 21.7%~81.2%。在环境因素方面，温度升高 25%~75%，使用寿命降低 4.7%~12.75%；相对湿度降低 25%~50%，使用寿命提高 17.5%~90.4%。Ronaldo A. de Medeiros-Junior 等[100]研究了温度和相对湿度变化对受氯盐侵蚀影响的混凝土结构使用寿命的影响，在 100 年期间确定的温度和相对湿度的变化导致使用寿命从 7.8 年减少到 10.2 年。G. Mangaiyarkarasi 等[101]配制了一种抑制剂注射液，以减轻氯离子对混凝土中钢筋的腐蚀。第一阶段，在不同的水泥环境中测试了抑制剂注入的效率；第二阶段，将阻聚剂配方注入不同氯离子浓度的普通硅酸盐水泥（OPC）和硅酸盐矿渣水泥（PSC）中，FT-IR 结果证实，即使在氯离子存在的情况下，阻锈剂配方通过电注入过程也能在钢筋表面形成钝化层。R. Vedalakshmi 等[102]提出了一种基于极化电阻（R_p 值）的混凝土服役寿命测试替代方法，在 0、0.5% 和 1% 的氯化物存在下，采用电化学阻抗技术（EIS）对掺合水泥混凝土的使用寿命提高进行了实验测量。根据 R_p 值预测的腐蚀起始时间（T_i）与重量损失测量值一致，而氯化物扩散模型高估了腐蚀起始时间。利用 Maaddawy 数学模型，得到了传播时间（T_p）。从结果可以得出结论，在添加 1% 氯化物的情况下，即使是在 20MPa 的低强度混凝土中，火山灰硅酸盐水泥（PPC）和矿渣硅酸盐水泥（PSC）混凝土的破坏时间 $T_f(= T_i + T_p)$ 分别是普通硅酸盐水泥混凝土的 4 倍和 10 倍。参数 T_f 随混凝土强度的增加而增加。腐蚀速率模型预测的 T_f 值与失重测量和混凝土表面裂缝的 T_f 值非常吻合。当暴露于海洋大气条件下时，由于孔隙收缩导致的氯离子扩散速率降低以及混合水泥的氯离子结合能力提高，从而提高了混凝土的使用寿命。估算表明，在 40MPa 下 PPC 和 PSC 混凝土（0%Cl^- 添加）可具有 100 年以上的使用寿命。Dale P. Bentz 等[103]通过测量暴露在 1mol/L 氯离子溶液中长达 1 年的圆柱形试样中氯离子的穿透深度，将这些研究扩展到量化其中一种外加剂在砂浆中的性能。虽然当通过向混合水中常规添加黏度调节剂时，1 年渗透深度会显著降低，但当使用黏度调节剂溶液对细轻质骨料进行预湿，然后将其添加到砂浆混合物中时，可实现最佳性能。采用适合径向扩散的标度函数来估计相对有效扩散系数。与参考砂浆相比，最佳混合料将有效扩散系数降低了约 85%，与混凝土使用寿命翻倍的总体目标一致。

综上所述，学者们对盐侵、冻融、荷载等单一及耦合工况作用下，不同水胶比、砂率、矿物掺合料、外加剂的混凝土服役寿命进行了探讨，并借助蒙特卡罗、菲克定律、灰色系统理论等提出混凝土服役寿命预测模型，理论及实践意义较为重大，但对于以风积沙混凝土为研究对象，考虑应力、冻融、盐侵等因素影响下的混凝土服役寿命预测模型研究相对较少，有必要进行深入探讨。

1.3 研 究 内 容

简而言之，考虑西部地区较为严酷的自然环境，本研究以风积沙替代河砂制备风积沙混凝土，而后对其收缩特性、应力特性、冻融特性及盐侵特性等进行研究，并结合灰色系统、损伤力学等理论，建立风积沙混凝土服役寿命预测模型，具体研究内容如下：

（1）进行风积沙混凝土自收缩试验。依据《水工混凝土施工规范》（SL677—2014）和《普通混凝土配合比设计规程》（JGJ55—2011）中 C25 混凝土配合比设计的相关规定，同时为保证风积沙混凝土可以获得较高的坍落度和流动性以用于工程实际，按照风积沙掺量为 40%，水胶比为 0.5、0.55、0.6，砂率为 45%、48%、51%，粉煤灰等质量替换水泥比例为 20%、30%、40%设计三组，具体配合比参见表 2-6。

（2）风积沙混凝土预应力特性研究。根据风积沙混凝土力学特性，选取未经损伤的风积沙混凝土，测定其初始相对模量，并作为衡量初始值，而后对其施加预应力，并测定预应力施加后风积沙混凝土的相对动弹性模量，当下降到规定数值时即认为其已达到预设损伤，分别划分损伤度为 0～0.1、0.1～0.2、0.2～0.3，进而为后续试验研究做准备。

（3）应力、冻融作用下风积沙混凝土劣化机理研究。选取基准组及损伤度为 0～0.1、0.1～0.2、0.2～0.3 的风积沙混凝土，采用 TDR-16 型快速冻融试验机，通过质量损失率、相对动弹性模量来评价应力、冻融作用下宏观劣化特性，通过场发射扫描电镜及压汞仪测定其微观形貌及孔隙特性，进而探究应力、冻融作用下风积沙混凝土劣化损伤机理。

（4）应力、盐侵作用下风积沙混凝土劣化机理研究。选取基准组及损伤度为 0～0.1、0.1～0.2、0.2～0.3 的风积沙混凝土，采用全自动干湿循环试验机，试验机内置 5%ClNa 溶液，而后通过质量损失率、相对动弹性模量来评价应力、盐侵作用下宏观劣化特性，通过场发射扫描电镜及压汞仪测定其微观形貌及孔隙特性，进而探究应力、盐侵作用下风积沙混凝土劣化损伤机理。

（5）应力、冻融、盐侵作用下风积沙混凝土服役寿命预测模型研究。考虑预加应力、冻融及盐侵作用后风积沙混凝土劣化特性，依据灰色系统理论、损伤理论等，建立风积沙混凝土服役寿命预测模型。

2　原材料与试验方法

在如今的土木工程中，混凝土发挥着无法替代的作用，是这一行业使用最为广泛的材料。一般来说，其构成成分包含水泥与水以及细骨料和粗骨料。另外，以实际情况来看，也可以掺杂一些掺合料以及外加剂等。由于混凝土属于非均质、多相复合材料，因此影响其性能的因素很多，如施工工艺、原材料的质量及其相对含量，所以必须根据相关规定对混凝土各组分进行合理选用。以下为本试验所需原材料的各项性能指标以及对试件制备和实验过程的具体阐述。

2.1　原 材 料

2.1.1　水泥

选择冀东 P·O42.5 水泥作为原料，其性能指标如表 2-1 所示。该实验在减水剂方面选择的是 AE-11 高效引气减水剂。

表 2-1　水泥物理力学性能

种类	表面积/m²·kg⁻¹	标准稠度用水量/%	密度/kg·m⁻³	体积安定性	筛余系数（80μm）/%	凝结时间/min	
						初凝时间	终凝时间
水泥	384	28.5	3158	合格	6.4	240	390

2.1.2　细骨料

在这一实验中，风积沙选用的是内蒙古库布齐沙漠中的风积沙，选择呼和浩特附近的砂石作为普通砂，这两种材料的物理力学性能如表 2-2 所示。

表 2-2　风积沙与天然河砂的主要物理化学性能

种类	表观密度/kg·m⁻³	细度(μf)	含水量/%	体积密度/kg·m⁻³	含泥量/%	泥块含量/%	有机质含量	氯化物含量/%	硫酸盐和硫化物含量/%
风积沙	2584	0.72	0.3	1579	0.41	—	低于标准值	0.025	0.37
河砂	2576	2.91	2.2	1790	3.48	0.3	低于标准值	0.29	0.4

2.1.3　粉煤灰

该实验在呼和浩特某一电厂中取得了粉煤灰,它的物理力学性能如表 2-3所示。

表 2-3　粉煤灰的主要技术指标

种类	烧失量/%	表面积/m²·kg⁻¹	需水量/%	密度/kg·m⁻³	筛余(45μm)/%	微珠含量/%	硫酸盐和硫化物含量/%
粉煤灰	3.05	354	97.2	2150	9.7	93.3	2.1

2.1.4　粗骨料

这一实验将粗骨料作为卵碎石来使用,它的物理力学性能如表 2-4所示。

表 2-4　卵碎石的主要物理性能

种类	表观密度/kg·m⁻³	粒径/mm	含水率/%	堆积密度/kg·m⁻³	含泥量/%	泥块含量/%	有机质含量	针片状物质含量/%	压碎指数	圆形度
石子	2669	5~20	3	1650	0.37	0	低于标准值	2.8	3.7	5.1

2.2　试验方案路线

试验方案路线如图 2-1所示。

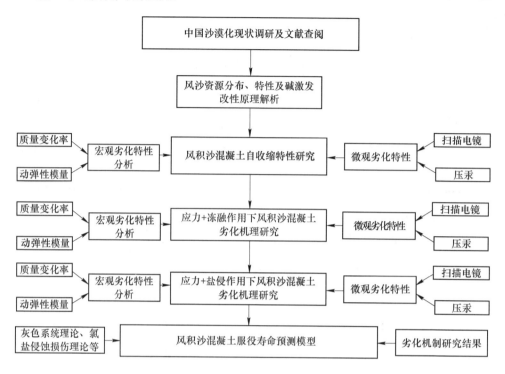

图 2-1　试验方案路线

2.3　配合比设计

该实验以土木工程的相关规定（SL677—2014）以及混凝土的配合比设计标准为依据，同时为保证风积沙混凝土可以获得较高的坍落度和流动性以用于工程实际，按照风积沙掺量为 0%、20%、40%、60%、80%、100% 进行等量代换，该基准风积沙混凝土的强度等级一般是 C25，而且其属于轻骨料混凝土。其配合比如表 2-5、表 2-6 所示。

表 2-5　风积沙混凝土实验室配合比设计

种　类	各组分质量/kg							
	水泥	水	河砂	风积沙	石子	粉煤灰	含气量	减水剂
Ⅰ：风积沙掺量为 0%	334	230	855	—	926	84	0.02	—
Ⅱ：风积沙掺量为 20%	334	230	684	171	926	84	0.02	—
Ⅲ：风积沙掺量为 40%	334	230	508	338	917	84	0.02	0.5

续表 2-5

种　类	各组分质量/kg							
	水泥	水	河砂	风积沙	石子	粉煤灰	含气量	减水剂
Ⅳ：风积沙掺量为60%	334	230	336	505	911	84	0.02	0.5
Ⅴ：风积沙掺量为80%	334	230	163	654	885	84	0.02	1.5
Ⅵ：风积沙掺量为100%	334	230	—	817	885	84	0.02	2.0

表 2-6　不同参变量下 C25 风积沙混凝土配合比

组别	序号	各组分质量/kg							
		水泥	水	砂	风积沙	石子	粉煤灰	引气剂	减水剂
基准组	Ⅰ（FA：20% $m_w/m_c=0.55$ SR：48%）	334	230	508	338	916	84	0.02	2.1
粉煤灰组	Ⅱ（FA：30%）	293	230	508	338	916	125	0.02	2.1
	Ⅲ（FA：40%）	251	230	508	338	916	167	0.02	2.1
水胶比组	Ⅱ（$m_w/m_b=0.50$）	368	230	508	338	916	92	0.02	2.1
	Ⅲ（$m_w/m_b=0.60$）	306	230	508	338	916	77	0.02	2.1
砂率组	Ⅱ（SR：45%）	334	230	450	300	916	84	0.02	2.1
	Ⅲ（SR：51%）	334	230	572.4	381	916	84	0.02	2.1

注：FA—粉煤灰掺量；SR—砂率；m_w/m_b—水胶比；m_w/m_c—水灰比。

2.4　试 件 制 备

就实验制备强度 C25 的风积沙混凝土试件来说，其配合比如表 2-5 所示。当进行风积沙混凝土试件制备时，不管是投放材料的顺序还是搅拌方式或时间都对它的性能有相应的作用。要想确保新拌混凝土的性质，就必须在实验中使用强制式的搅拌机。其程序为：将粗骨料、细骨料、水泥按顺序投料并分别搅拌 10s 后注入一半清水，待其与掺合料混合均匀后静停 90s；接着按下搅拌机开关，把另外加入了外加剂的水溶液放入搅拌机中搅拌 90s；然后针对搅拌完成的混凝土展开坍落度试验，并且使用尺寸为 40mm×40mm×40mm、100mm×100mm×100mm 的模具保持形状；最后将其放在振动台上进行振捣以排除搅拌过程中混凝土内存留的空气。为保证混凝土试件的密实性，在振捣的同时需用小铲进行提边，并用抹子抹平试件表面，振捣时间为 15~20s。为防止试件开裂，在室温之下进行养护，并持续 24h，然后拆模，进而再把试件放于标准条件中进行养护，持续 28 天。

2.5 试 验 方 法

2.5.1 自收缩试验

采用 NJ-NES 非接触式混凝土收缩变形测定仪连续 3 天测定不同参变量下风积沙混凝土的自收缩变形，当电涡流传感器接通电源时，其前置器会产生高频电流信号，该信号可在探头头部产生交变磁场，并在其附近位置的金属导体表面产生电涡流场，其变化符合麦克斯韦公式导出的特定非线性函数，而通过变化即可利用函数计算出规定时间内的混凝土收缩情况；根据《压汞法和气体吸附法测定固体材料孔径分布和孔隙度 第一部分：压汞法》（GB/T 21650.1—2008）测定风积沙混凝土的微观孔结构；并利用 WHY-3000 型压力机、WAW-3000 型万能试验机测定其力学性能。

2.5.2 施加预应力

（1）在标准环境中，养护了 28 天之后，需要在加载前使用 P5-180 型磨抛机对试件的棱角进行打磨，避免其出现应力集中的问题。打磨好之后要取出一组来测定棱柱体的抗压强度，数值应为 30.33MPa（没有经过修正的尺寸效应系数）。用超声波波速来定义损伤变量。

（2）加载前，利用混凝土超声检测仪获得试件的初始波速，以便进行损伤度的划分和冻融循环实验。

（3）在进行加载时，需要通过万能试验机来展开针对试件的预加载以及连续、均匀加载，而且其控制水平要保持在抗压强度 60% 以下，然后利用纵横反复加载，即纵向载入承载面 40mm×40mm 和横向载入承载面 40mm×160mm 的方式进行预应力的加载（图 2-2 和图 2-3）。循环加载力值如图 2-4 所示。其加载空隙为 3~5 个加载过程，选择超声检测仪来测量试件被破坏后的波速来对试件的破坏程度展开分析，之后对其进行荷载调节以及加载次数调节，确保试件的损伤度保持在 0~0.3 的范围内，确保基准组（D0）以及损伤度为 0~0.1（D1）、0.1~0.2（D2）和 0.2~0.3（D3）各组试件均不少于 6 块。

图 2-2　横向加载方式

图 2-3　纵向加载方式

2.5.3　冻融循环试验

混凝土抗冻性试验方法有很多[92-93]，如 TMC666—86、ASTM C666—86-A、ASTM C672—86 和 ASTM C671—86，欧洲的 RILEMTC4、—CDC—77，瑞典的 SS137244，中国的 SD105—82（水工）、JTJ225—87（港工）和 GBJ82—85（建工）。在上述这些方法中，使用最多的是 ASTM C666—86-A。这种方法是快冻法，水冻冻融是它的基本制度，其以混凝土冻融前后的相对动弹性模量为基础的耐久

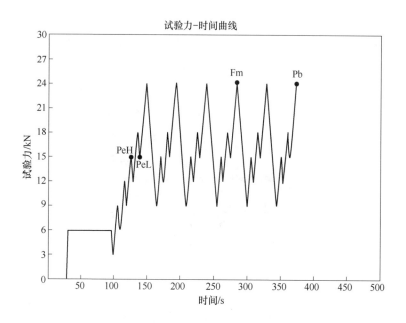

图 2-4　循环加载力值示意图

性系数为评价指标。就我国的水工混凝土抗冻性实验来说，其研究方式（SD105—82）有慢冻法与快冻法。前者的评价指标是质量损失率以及抗压强度损失率，而且它的冻融循环制度是气冻水融，这一制度一般需要持续 4h。但是就快速冻方法来说，其评价指标是相对动弹性模量以及质量损失量，水冻水融是其冻融制度，这一方法需要的时间是 2~4h。两者相较而言，后者所用时间短，而且工作压力较小，其进行了无损检测之后获得的评价指标不容易被外部影响，而且精确度也较高，能够对混凝土的抗冻融性进行真实说明。除以上标准抗冻试验方法之外，Molero 等提出通过超声波成像方法来评价冻融环境下混凝土受损情况。而 Tetsuya Suzuki 等为定量分析混凝土受损程度，分别利用声发射和 X 光 CT 方法测定分析了混凝土内部裂纹分布情况。

　　就预应力破坏下的风积沙混凝土抗冻融性研究来说，本研究选取以混凝土的相关实验规范（GB/T 50082—2009）为依据，通过其中的快冻法方式来开展实验。冻融循环试验开始前将试件置于 15~20℃ 的清水中浸泡 4 天，随后取出测试其在湿润状态下的初始超声波波速和质量。之后再把试件放置于快速冻融的试验机中，使其展开冻融循环。其循环的间隔时间为 25 次，在经过 25 次之后就可以对其湿润状态下的超声波波速以及质量进行检测。如果其相对动弹性模量降低了 60% 亦或是质量的损失率达到 5% 就说明该混凝土已经被破坏。

2.5.4 干湿循环试验

按照《普通混凝土长期性能和耐久性能试验方法标准》（GB/T 50082—2009）、《水工混凝土试验规程》（SL352—2018）、《Standard Test Method for Resistance of Concrete to Rapid Freezing and Thawing》（ASTM C-666M—2003）要求，在养护至28天龄期的前2天，将需要进行干湿循环的试件从标准养护室取出，擦干试件表面水分，然后在（80±5）℃烘箱中烘干48h，冷却至室温后放入LSY-18A型抗硫酸盐试验机试件架中，相邻试件之间应保持20mm间距，最后加入配制好的浓度为5%氯化钠溶液，溶液应至少超过最上层试件表面20mm，然后开始浸泡。浸泡时间为（15±0.5）h，而后在30min内排液，溶液排空后将试件风干30min，风干过程结束后应立即升温，应将试件盒内的温度升到（80±5）℃，每个干湿循环的总时间为（24±2）h，当抗压强度耐蚀系数达到75%或干湿循环次数达到150次或达到设计抗硫酸盐等级相应的干湿循环次数时停止试验。

2.5.5 评价指标

（1）风积沙混凝土力学性能测试：

$$f_{cc} = \frac{F}{A} \times 0.95 \tag{2-1}$$

$$f_{ts} = 0.637 \times \frac{F}{A} \times 0.85 \tag{2-2}$$

式中　f_{cc}——混凝土立方体抗压强度，MPa；

　　　f_{ts}——混凝土立方体劈裂抗拉强度，MPa；

　　　F——试件破坏时荷载，N；

　　　A——面积，本研究取10000mm^2。

采用WHY-3000型压力机（C25组：0.3~0.5MPa/s匀速加载，C35组：0.5~0.8MPa/s匀速加载）、WAW-3000型万能试验机（C25组：0.02~0.05MPa/s匀速加载，C35组：0.05~0.08MPa/s匀速加载）进行风积沙粉体混凝土抗压强度和劈裂抗拉强度试验，试验结束时，对试验所测得的抗压强度值乘以折算系数0.95，而后以三个试件测定值的算术平均值作为该组试件的强度值，若三个测值中的最大值或最小值与中间值的差值超过中间值的15%，则把最值舍去，取中间值为该组试件的强度值；若最大值和最小值同时超过15%，则该组数据无效，重做试验。

（2）风积沙混凝土弹模测试：

$$E_d = 13.244 \times 10^{-4} \times \frac{WL^3f^2}{a^4} \tag{2-3}$$

式中　E_d——混凝土动弹性模量，MPa；

　　　a——正方形试件边长，取 100mm；

　　　L——试件的长度，本研究取 400mm；

　　　W——试件的质量，kg；

　　　f——试件横向振动时的基频振动频率，Hz。

采用 NELD-DTV 型动弹性模量测定仪，每组以 3 个试件动弹性模量试验结果的算术平均值作为测定值。

（3）风积沙混凝土试件质量损失率按照下式计算：

$$M_t = \frac{m_t - m_0}{m_0} \times 100\% \tag{2-4}$$

式中　M_t——t 个循环后试件湿润状态下的质量损失率，%；

　　　m_0——预应力损伤后试件湿润状态下的质量，g；

　　　m_t——t 个循环后试件湿润状态下的质量，g。

2.6　部分试验仪器

试验中使用的主要仪器如图 2-5~图 2-16 所示。

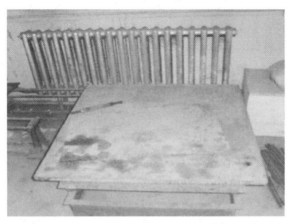

图 2-5　振动试验台

图 2-6　单卧轴混凝土搅拌机

图 2-7　恒温恒湿标准养护箱

图 2-8　电液伺服万能试验机

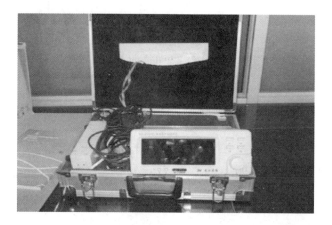

图 2-9 非金属超声波测试仪

图 2-10 全自动混凝土冻融试验箱

图 2-11 全自动混凝土干湿循环试验机

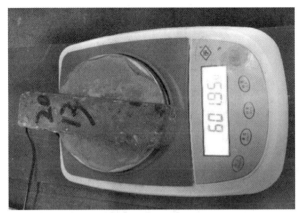

图 2-12 电子秤

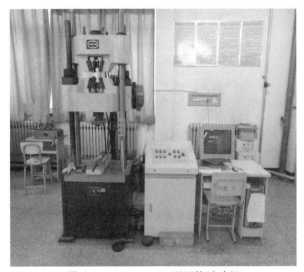

图 2-13 WAW-3000 型万能试验机

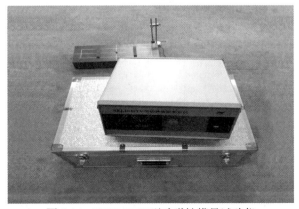

图 2-14 NELD-DTV 型动弹性模量试验仪

图 2-15 AutoPore Ⅳ 9500 型压汞试验仪

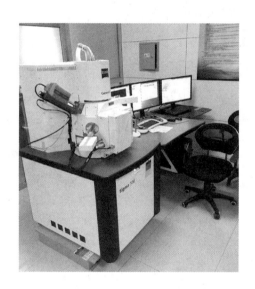

图 2-16 Sigma 500 型扫描电镜

2.7 本章小结

本研究可以分为 5 个部分：风积沙混凝土的试件准备部分、风积沙混凝土自收缩试验、加入预应力、冻融循环实验以及干湿循环实验。选用的是强度等级为 C25 程度的风积沙混凝土。在自收缩试验完成之后，我们把风积沙混凝土试件做出了 4 个划分，以此来研究预应力影响之下，风积沙混凝土的抗冻融性以及抗氯盐侵蚀性，分组为基准风积沙以及损伤度在 0~0.1、0.1~0.2、0.2~0.3 范围内的风积沙混凝土。最后，分别测定和称量经快速冻融循环作用和干湿循环后试件湿润状态下的质量和超声波波速，并通过质量变化率和相对动弹性模量的评价指标来对预应力下的风积沙混凝土抗冻融性以及抗氯盐侵蚀性进行说明。

3　风积沙混凝土自收缩特性分析

收缩是混凝土本身所固有的物理特性。混凝土受到约束时，收缩会导致混凝土产生收缩应力，当应力超过混凝土的抗拉强度后，混凝土产生裂缝。裂缝对混凝土的耐久性有很大影响，导致混凝土劣化的继续进行。用风积沙替代普通砂拌制的风积沙混凝土的工程应用也受到其收缩变形因素的影响。笔者通过查阅大量文献资料发现，现在许多研究人员对风积沙作为公路工程路基等方面进行研究，对风积沙混凝土方面研究则相对较少，关于风积沙混凝土收缩变形的试验研究基本属于空白。本研究采用非接触式混凝土收缩变形测定方法对内蒙古库布齐沙漠的风积沙配制的混凝土进行收缩变形试验研究，明确风积沙混凝土的收缩变形规律，探讨水胶比、砂率、粉煤灰三个重要变量对风积沙混凝土自收缩变形规律的影响，并建立预测模型。

3.1　实　验　结　果

不同养护龄期、不同风积沙掺量的风积沙混凝土试件物理性能指标检测数据见表 3-1。

表 3-1　风积沙混凝土物理性能指标

种　类	坍落度/mm	含气量/%	抗压强度/MPa		劈裂抗拉强度/MPa
			7 天	28 天	28 天
Ⅰ：风积沙掺量为 0%	210	5.6	18.4	26.5	1.61
Ⅱ：风积沙掺量为 20%	213	5.8	14.7	25.7	1.38
Ⅲ：风积沙掺量为 40%	215	6.2	16.8	25.3	1.47
Ⅳ：风积沙掺量为 60%	211	5.9	18.5	24.6	1.41
Ⅴ：风积沙掺量为 80%	214	6.4	12.8	23.1	1.33
Ⅵ：风积沙掺量为 100%	212	6.3	12.6	20.7	1.28

不同风积沙掺量的混凝土试件收缩率部分数据见表 3-2。

表 3-2 不同风积沙掺量的混凝土收缩率部分数据

时间/h	收缩率/%					
	风积沙掺量为 0%	风积沙掺量为 20%	风积沙掺量为 40%	风积沙掺量为 60%	风积沙掺量为 80%	风积沙掺量为 100%
8	0.001034483	0.003287356	0.002827586	0.001885057	0.003609195	0.002321839
16	0.001264368	0.003356322	0.006252874	0.007908046	0.008367816	0.007494253
24	0.001264368	0.003356322	0.008045977	0.009448276	0.01045977	0.013264368
32	0.001264368	0.003356322	0.008022989	0.009471264	0.01045977	0.013655172
40	0.001264368	0.003356322	0.008091954	0.009425287	0.01045977	0.013747126
48	0.001264368	0.003356322	0.008137931	0.009425287	0.01046782	0.013655172
56	0.001264368	0.003356322	0.008137931	0.009425287	0.01042759	0.013655172
64	0.001264368	0.003356322	0.008137931	0.009471264	0.01043793	0.013655172
72	0.001264368	0.003356322	0.008137931	0.009494253	0.01046782	0.01383908

注：当混凝土收缩应变为正时，表明混凝土为收缩变形；当混凝土收缩应变为负时，表明混凝土为膨胀变形。

3.2 风积沙混凝土的无侧限抗压强度及劈裂抗拉强度与风积沙掺量的关系

由表 3-1 可得风积沙混凝土的无侧限抗压强度及劈裂抗拉强度与风积沙掺量的关系曲线，见图 3-1、图 3-2。

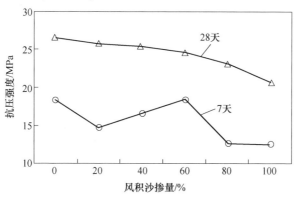

图 3-1 风积沙混凝土 7 天、28 天无侧限抗压强度与风积沙掺量的关系曲线

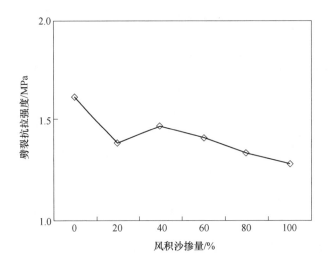

图 3-2　风积沙混凝土 28 天劈裂抗拉强度与风积沙掺量的关系曲线

由图 3-1 可知，混凝土 7 天、28 天的抗压强度随着风积沙掺量的增加而呈现降低的趋势。风积沙混凝土 7 天时，Ⅱ、Ⅲ、Ⅴ、Ⅵ 4 组的抗压强度相对于Ⅰ组的抗压强度分别下降了 19.6%、9.2%、30.4%、31.5%，Ⅳ组前期增长较快，抗压强度相对于Ⅰ组增加了 0.54%；风积沙混凝土 28 天时，Ⅱ、Ⅲ、Ⅳ、Ⅴ、Ⅵ 5 组的抗压强度相对于Ⅰ组的抗压强度分别下降了 3.0%、4.5%、7.2%、12.8%、21.9%。风积沙混凝土 28 天时，Ⅱ、Ⅲ、Ⅳ、Ⅴ、Ⅵ 5 组的劈裂强度相对于Ⅰ组的劈裂抗拉强度分别下降了 14.3%、8.7%、12.4%、17.4%、20.5%。

综上所述，风积沙掺量为 0%、20%、40%、60%、80%、100%时，其 28 天劈裂抗拉强度，7 天、28 天无侧限抗压强度随风积沙掺量的增加而呈现降低的趋势。7 天抗压强度也随风积沙掺量的增加而逐渐降低，其中风积沙掺量为 60% 的Ⅳ组的抗压强度为 18.5 MPa，强度略有提升。28 天抗压强度也随风积沙掺量的增加而逐渐降低，其中风积沙掺量为 60%的Ⅳ组的抗压强度为 24.6MPa，已略低于 C25 混凝土抗压强度的要求。如果继续增大风积沙的掺量，则会严重影响混凝土的抗压强度。

3.3　风积沙混凝土的收缩变形与风积沙掺量的关系

风积沙混凝土收缩变形实验共进行 6 组，可得不同风积沙掺量下自收缩率变化曲线（图 3-3），以及温度变化曲线（图 3-4）和湿度变化曲线（图 3-5）。具体分析如下。

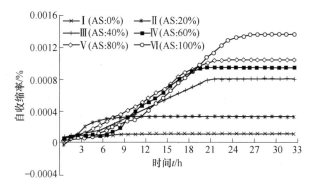

图 3-3 不同风积沙掺量下风积沙混凝土前期自收缩率变化曲线

AS—风积沙掺量

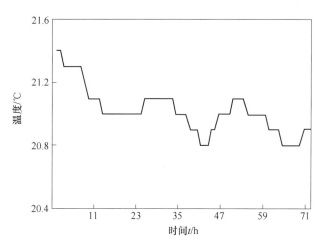

图 3-4 风积沙混凝土试验环境温度变化曲线

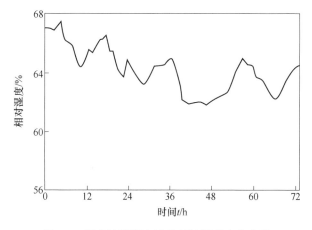

图 3-5 风积沙混凝土试验环境湿度变化曲线

由图 3-3~图 3-5 可知，实验环境较实验所需温度（20 ± 2）℃、所需相对湿度（60% ± 5%）略有变化，但基本满足试验要求；随着风积沙掺量的增加，风积沙混凝土收缩变形的变化规律为开始时持续上升到最后都趋于稳定，收缩变形稳定值逐渐增大；随着风积沙掺量的增加，风积沙混凝土收缩变形持续的时间逐渐变长，在混凝土浇筑后 3 天内收缩变形较明显，3 天后基本上不再收缩。

由表 3-2 可知，Ⅰ、Ⅱ及Ⅲ、Ⅳ两组的减水剂掺量一致，风积沙掺量不一致，此时混凝土收缩变形的规律为前期增长较快，后期趋于稳定。这表明，在混凝土收缩变形试验的过程中，风积沙的掺量变化是影响风积沙混凝土性质的主导因素。第Ⅰ组（AS：0%）中，$t \leqslant 12h$ 时，收缩率持续上升，表现出一定的线性规律；$13h \leqslant t \leqslant 72h$ 时，收缩率在 1.26×10^{-3}% 保持不变，表明混凝土收缩已达到最大值[104-106]。第Ⅱ组（AS：20%）、第Ⅲ组（AS：40%）、第Ⅳ组（AS：60%）、第Ⅴ组（AS：80%）、第Ⅵ组（AS：100%）收缩率达到稳定的时间点依次为 11h、22h、21h、24h、26h，收缩率稳定值依次为 3.36×10^{-3}%、8.11×10^{-3}%、9.43×10^{-3}%、10.45×10^{-3}%、13.64×10^{-3}%。相对于第Ⅱ~Ⅵ组，不掺风积沙即细骨料为普通砂的第Ⅰ组，其早期收缩变形较为明显，收缩变形稳定值最小。混凝土的收缩主要是水泥石部分的收缩，同时砂的细度也会影响混凝土的收缩。由表 3-1 可知，试验用普通砂的细度模数为 2.91，而用于代替普通砂的风积沙的细度模数为 0.72，属于特细砂，掺入风积沙使混凝土内部细骨料表面积增大，导致混凝土的水化反应需水量增多及水化速度变慢。因此，风积沙掺量在 20%~100% 范围内逐渐增加时，混凝土的收缩变形逐渐增大，收缩变形达到稳定的时间也逐渐增多，在掺量为 100% 时收缩率达到最大值 13.84×10^{-3}%，但都在可控范围内。

3.4　风积沙混凝土的收缩变形与水胶比的关系

水胶比变化与风积沙混凝土收缩变形的关系曲线如图 3-6 所示。

由图 3-6 可知，随着水胶比的增大，风积沙混凝土收缩变形稳定值逐渐减小，收缩变形达到稳定的时间逐渐减少。水胶比的大小决定了胶凝材料的水化速度、胶结浆体的初始空隙含量、内部自由水量的大小、孔径分布及其随时间的演化特征，对水泥石力学性能和收缩变形同时产生影响[107-110]。随着水胶比增大，风积沙混凝土早期的强度上升较慢，而混凝土浆体中由于自收缩产生的应力较大，当早期强度低于混凝土自收缩产生的应力时，风积沙混凝土早期自收缩变形较为明显，收缩变形达到稳定的时间逐渐减少；但是随着水化反应的进行，强度逐步提高，而自收缩产生的应力却逐步稳定，故表现为早期收缩变形稳定值逐渐减小。

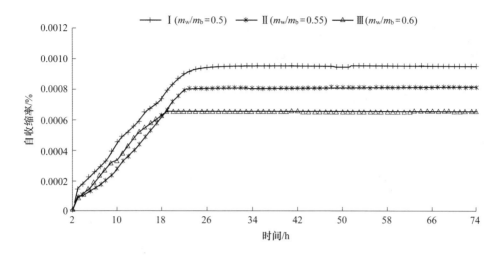

图 3-6　风积沙混凝土自收缩变形与水胶比的关系曲线

3.5　风积沙混凝土的收缩变形与砂率的关系

砂率变化与风积沙混凝土收缩变形的关系曲线如图 3-7 所示。

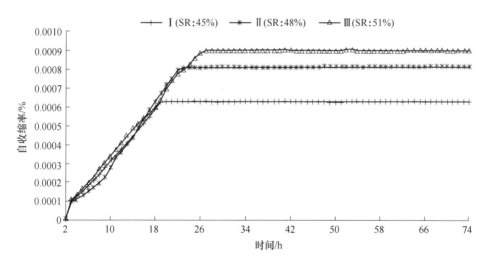

图 3-7　风积沙混凝土自收缩变形与砂率的关系曲线

SR—砂率

由图 3-7 可知，随着砂率的增大，风积沙混凝土收缩变形稳定值逐渐增大，收缩变形达到稳定的时间逐渐变长。

砂作为混凝土组成材料中粒径介于粗骨料和胶凝材料之间的骨料成分，在混凝土中除了起填充作用外，还能调节混凝土和易性[111-115]。随着砂率的增大，单位体积水泥石中细骨料所占的比例增大，骨料内部的孔隙率逐渐变小，保水性升高，导致开裂敏感性降低，收缩变形达到稳定的时间逐渐变长。但是，随着时间的增加，由于干燥收缩造成的微裂缝进一步增大，表现为较大的收缩变形，故早期总收缩逐渐增大。综合强度因素，砂率为45%的风积沙混凝土应用于工程实际时的效益较好。

3.6　风积沙混凝土的收缩变形与粉煤灰掺量的关系

粉煤灰掺量变化与风积沙混凝土收缩变形的关系曲线如图 3-8 所示。

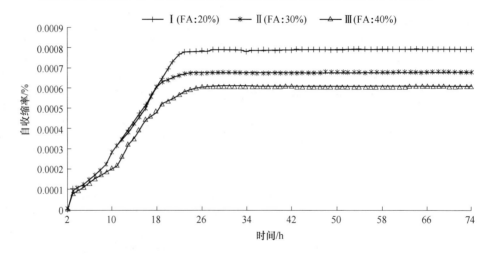

图 3-8　风积沙混凝土自收缩变形与粉煤灰掺量的关系曲线

FA—粉煤灰掺量

由图 3-8 可知，随着粉煤灰掺量的增加，风积沙混凝土收缩变形稳定值逐渐减小，收缩变形达到稳定时间逐渐变长。

粉煤灰的颗粒构成以微细玻璃质球体为主，主要化学成分为 Al_2O_3、SiO_2。粉煤灰掺入风积沙混凝土的影响是由其颗粒形态效应、火山灰活性效应和微集料效应共同作用的结果[116-117]。随着粉煤灰掺量的增加，风积沙混凝土总收缩降低，收缩变形达到稳定的时间逐渐变长。掺入的粉煤灰具有两方面的作用：一方面，粉煤灰较低的火山灰活性导致早期水化缓慢，降低自收缩产生应力的最大值，进而导致风积沙混凝土早期收缩变形不明显；另一方面，粉煤灰的微集料效应可进一步对周围的空隙进行物理填充，使得浆体密实度提高，进而降低风积沙混凝土的空隙率，使自收缩产生的应力保持在一个较低的水平，相应的应变也逐步减小，故粉煤灰掺量为40%的风积沙混凝土总收缩最小，收缩变形达到稳定的时间最长。

3.7 微 观 分 析

风积沙混凝土3天内自收缩率稳定值的波动指标如表3-3所示，并利用压汞法测得其孔隙率与孔径分布如图3-9所示。

表3-3　风积沙混凝土自收缩率稳定值的极差、方差及标准差

种 类		自收缩值	平均值	方差		标准差
粉煤灰组	Ⅰ（粉煤灰掺量：20%）	0.008045977				
	Ⅱ（粉煤灰掺量：30%）	0.006988506	0.007104543	0.001766831	1.58104×10^{-6}	0.001257395
	Ⅲ（粉煤灰掺量：40%）	0.006279146				
水胶比组	Ⅰ（水胶比：0.50）	0.009494253				
	Ⅱ（水胶比：0.55）	0.008045977	0.008030651	0.002942529	4.32959×10^{-6}	0.002080767
	Ⅲ（水胶比：0.60）	0.006551724				
砂率组	Ⅰ（砂率：45%）	0.006275862				
	Ⅱ（砂率：48%）	0.008045977	0.007770115	0.002712644	3.79337×10^{-6}	0.0019476567
	Ⅲ（砂率：51%）	0.008988506				

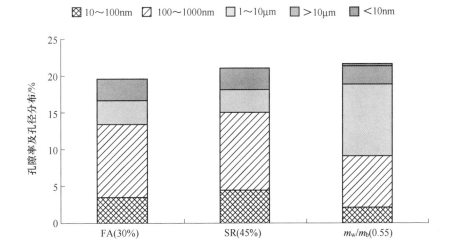

图3-9　风积沙混凝土孔隙率及孔径分布图

FA—粉煤灰掺量；SR—砂率；m_w/m_b—水胶比

由表 3-3 可知，关于自收缩率稳定值的极差、方差与标准差，水胶比组>砂率组>粉煤灰组，有鉴于此，综合考虑风积沙混凝土力学性能和耐久性能，选取满足强度要求且自收缩值相对较小的水胶比为 0.55、砂率为 45%、粉煤灰掺量为 30% 三组典型代表，分别取样进行压汞试验，得孔隙率和孔径分布如图 3-9 所示。可知，水胶比为 0.55、砂率为 45%、粉煤灰掺量为 30% 的三组风积沙混凝土的总孔隙率依次为 21.4855%、20.9437%、19.5372%。而孔隙率越小，风积沙混凝土内部湿度变化也相对越小，保水性越好，风积沙混凝土的开裂敏感性越低，对应的湿度变形，即自收缩变形值也相对越小。因此，水胶比变化对风积沙混凝土自收缩变形的影响最大，砂率次之，最小的是粉煤灰掺量。

3.8   数值模型建立

混凝土自收缩计算模型的研究可分为两类：一是从混凝土材料的本质特征出发来寻求对客观现象的解释，对材料的物理和化学现象进行定义和量化分析，但建立分析模型这种模型不便于直接应用；二是先进行大量的试验，然后对试验结果进行回归，最后引进概率的方法总结出试验模型，再推广使用。目前这种自收缩模型主要有欧洲规范（EN 1992-1-1）模型[118]和日本规范模型[119]。欧洲规范模型适用于普通和高强混凝土，本试验研究水胶比为 0.50、0.55、0.60，故拟采用日本规范模型，由 S. Miyazawa、T. Kuroi 和 E. Tazawa 模型[119]可知，当 $0.50 \leqslant m_w/m_c \leqslant 0.60$ 时，对混凝土的自收缩可通过以下模型预测：

$$\xi_{c(t)} = \xi_{c0}(m_w/m_b)\beta_a(t) \tag{3-1}$$

当 $m_w/m_c > 0.50$ 时，$\xi_{c0}(m_w/m_b) = 80$，$\beta_a(t) = 1 - e^{-a(t-t_0)^b}$，代入可得：

$$\xi_{c(t)} = \xi_{c0}(m_w/m_b)\beta_a(t) = 80[1 - e^{-a(t-t_0)^b}] \tag{3-2}$$

又有：

$$\xi_{s(t)} = \frac{\xi_{c(t)}}{L_0}, \quad L_0 = 4350 \tag{3-3}$$

故可得：

$$\xi_{s(t)} = \frac{80[1 - e^{-a(t-t_0)^b}]}{4350} \tag{3-4}$$

式中 $\xi_{c(t)}$——龄期 t 时刻的自收缩值；

$\xi_{c0}(m_w/m_b)$——混凝土最终收缩值；

$\beta_a(t)$——自收缩随龄期发展的系数；

$\xi_{s(t)}$——龄期 t 时刻的自收缩率；

L_0——试件测量标距，mm；

a，b——常数，由试验获得；

t，t_0——对应龄期和混凝土初凝时间，$t_0 = 2h$。

利用 Tazawa 模型对风积沙混凝土自收缩进行拟合，结果如图 3-10 所示，此时拟合优度或可决系数为 -16.88，不足以展现风积沙混凝土自收缩变形规律，预测模型不再适用，因此需要进行适当修正。

在综合考虑了风积沙特殊的理化性质等要素后，作者有针对性地在 Tazawa 模型的基础之上提出了修正后的 ASC 模型（aeolian sand concrete model），具体如式（3-5）所示，其中 a、b、c、d 为常数。利用 ASC 模型对风积沙混凝土自收缩进行拟合，结果如图 3-10 所示，此时拟合优度或可决系数可达 0.91 以上，足以表征风积沙混凝土自收缩变形规律，模型适用。

$$\xi_{s(t)} = \frac{(at^b + \arctan t)\left[1 - e^{-c(t-t_0)d}\right]}{4350} \tag{3-5}$$

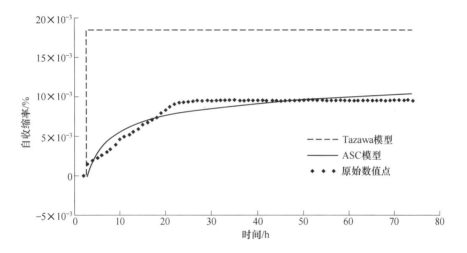

图 3-10 风积沙混凝土在 Tazawa 模型、ASC 模型时的拟合曲线

3.9 本 章 小 结

（1）风积沙混凝土的早期无侧限抗压强度均满足 C25 设计要求，风积沙掺量为 60% 时的早期强度还略有提高。

（2）风积沙混凝土收缩变形随风积沙掺量的增加而增加，达到收缩变形稳定的时间也随之增加。收缩变形在 $0h \leqslant t \leqslant 24h$ 范围内增长较快，$25h \leqslant t \leqslant 72h$ 范围内逐渐趋于稳定。

（3）风积沙掺量为 60% 及以下时，风积沙混凝土的无侧限抗压强度及劈裂抗拉强度均满足设计要求，收缩变形也在可控范围之内，研究成果为风积沙混凝土耐久性能等方面的后续研究提供了重要的理论依据，同时也对风积沙混凝土在水利工程、路面工程等工程中的实际应用具有指导意义，应用前景广阔，社会效益与经济效益显著。

（4）风积沙混凝土72h之后的自收缩基本达到稳定，自收缩变形达到稳定的时间随粉煤灰掺量、砂率的增加而逐渐变长，随水胶比的增加而逐渐变短；早期总收缩随水胶比、粉煤灰掺量的增加而逐渐减小，随砂率的增加而增大。

（5）水胶比对风积沙混凝土自收缩变形的影响最大，其次是砂率，粉煤灰掺量的影响最小，水胶比为0.55时；风积沙混凝土早期自收缩变形均满足设计要求，这对风积沙混凝土的耐久性研究具有极为深远的现实意义，也为实际工程应用提供了理论支持。

（6）在Tazawa模型的基础上提出的修正后的风积沙混凝土自收缩计算模型（ASC模型）拟合优度较高，完全可以应用于风积沙混凝土自收缩变形的预测。

4 预应力损伤下风积沙混凝土冻融性能分析

就我国北方来说，由于天气寒冷，所以混凝土几乎都有冻融破坏问题，相关学者也已经就这一问题进行了研究并得到了相应结论[37,38,120,121]，如混凝土受冻破坏机理、受冻后混凝土力学性能研究以及多因素（冻融循环+腐蚀溶液、冻融循环+荷载、冻融循环+腐蚀溶液+荷载）作用下混凝土抗冻融性能研究。研究表明，混凝土的损伤速度与外荷载密切相关，且预应力作用下抗冻性表现出较大差异性。有鉴于此，在本书的这一章节中，我们对预应力混凝土损伤以及混凝土抗冻性进行了研究，明确二者之间的联系，探究风积沙混凝土劣化机理。

4.1 预 制 损 伤

实际上，因为多方面因素影响，一般都会产生宏观裂缝。而这一裂缝出现之前，大量混凝土都已经出现了微观裂纹等相应损失。大多专家学者将材料或结构中的这种微裂纹及微缺陷称为损伤。所谓损伤表示的是进行单一加载亦或是重复加载时，材料性质中出现的劣化，材料的损伤状态可以用损伤变量来描述。由于超声波波速与混凝土强度之间存在较强的对应关系，其变化规律可准确反映混凝土内部受损情况，因此根据损伤力学基本理论，可用超声波波速定义损伤变量：

$$D^{(0)} = 1 - \frac{v_n^2}{v_0^2} \tag{4-1}$$

式中 $D^{(0)}$——风积沙混凝土损伤变量；

　　　　v_0——预应力损伤前气干状态下的超声波波速，m/s；

　　　　v_n——预应力损伤后气干状态下的超声波波速，m/s。

4.2 损伤度的划分

在风积沙混凝土收缩变形试验研究的基础上，选取风积沙掺量为40%的风积沙混凝土为预应力损伤试件，根据本试验所需预应力加载方法，对风积沙混凝土试件进行反复加载，并由式（4-1）计算损伤后风积沙混凝土试件的损伤度，在进行了相应选择之后，确定这些试件的损伤度范围是 $0\sim0.1$、$0.1\sim0.2$ 及 $0.2\sim$ 0.3。定义风积沙混凝土初始超声波波速为 v_0，复加载后测得的超声波波速为 v_1，与之对应的损伤度为 D，具体试验结果见表4-1。

表4-1 损伤度为 0~0.1 的风积沙混凝土试件预应力损伤预制表

试件编号	$v_0/\mathrm{m\cdot s^{-1}}$	$v_1/\mathrm{m\cdot s^{-1}}$	D
A1	3810	3738	0.037
A2	3738	3580	0.083
A3	3604	3540	0.035
A4	3738	3670	0.036
A5	3883	3738	0.073
A6	3738	3604	0.070

由表4-1可知，在进行预应力加载且用超声波测速仪测得波速后，经式 (4-1) 计算可知，均满足损伤度为 $0\sim0.1$，故得到 $0\sim0.1$ 的损伤度。

由表4-2可知，在进行预应力加载且用超声波测速仪测得波速后，经式 (4-1) 计算可知，部分试件未达到试验所需预应力损伤程度。本次加载所得到的波速和损伤度分别为 v_1 和 D_1，继续加载后得到了第二个超声波波速 v_2 和本组别的最终预应力损伤度 D_2，且均满足损伤度为 $0.1\sim0.2$。

表4-2 损伤度为 0.1~0.2 的风积沙混凝土试件预应力损伤预制表

试件编号	$v_0/\mathrm{m\cdot s^{-1}}$	$v_1/\mathrm{m\cdot s^{-1}}$	D_1	$v_2/\mathrm{m\cdot s^{-1}}$	D_2
B1	3883	3710	0.087	3540	0.17
B2	3810	3604	0.11	—	—
B3	3883	3750	0.67	3670	0.11
B4	3810	3760	0.03	3540	0.14
B5	3883	3738	0.07	3604	0.14
B6	3810	3754	0.03	3560	0.13

由表4-3可知，在进行预应力加载且用超声波测速仪测得波速后，经式 (4-1) 计算可知，部分试件未达到试验所需预应力损伤程度。第一次加载所得到

的波速和损伤度分别为 v_1 和 D_1，继续预应力加载后，得到的波速和损伤度分别为 v_2 和 D_2，但还是未能满足本组别对于预应力损伤度的要求，故进行第三次加载，得到的波速和损伤度分别为 v_3 和 D_3，即 0.2~0.3。

表 4-3　损伤度为 0.2~0.3 的风积沙混凝土试件预应力损伤预制表

试件编号	$v_0/\mathrm{m \cdot s^{-1}}$	$v_1/\mathrm{m \cdot s^{-1}}$	D_1	$v_2/\mathrm{m \cdot s^{-1}}$	D_2	$v_3/\mathrm{m \cdot s^{-1}}$	D_3
C1	3810	3670	0.07	3540	0.14	3361	0.22
C2	3960	3810	0.07	3640	0.16	3540	0.21
C3	3604	3540	0.04	3360	0.13	3200	0.21
C4	3738	3604	0.07	3510	0.12	3560	0.24

4.3　预应力下风积沙混凝土抗冻融性能试验结果

4.3.1　质量损失率及其分析

就质量损失率而言，其能够对混凝土的表面受损状况进行说明，并且可以对混凝土的抗冻融性进行表示。除此之外，如果质量的损失率大于 5%，那么可以确定混凝土已经失去效用。将基准组风积沙混凝土和预应力损伤后风积沙混凝土同时置于快速冻融机内进行冻融实验，冻融的循环次数分别为 0~25、50、75、100、125、150、175 及 200，选择 0.1g 精度的电子秤来对其进行湿润状态质量称重，其实验结果见表 4-4，并通过式（2-4）计算试件的质量损失率，基准组和不同损伤度混凝土的质量损失率如图 4-1 所示。

表 4-4　基准组风积沙混凝土试件不同冻融循环次数下的质量损失　　　（g）

试件编号	循 环 次 数								
	0	25	50	75	100	125	150	175	200
S1	611.33	609.37	607.05	603.57	603.32	602.10	586.69	576.52	570.63
S2	589.63	587.68	585.44	582.02	581.85	580.55	579.43	575.95	572.64
S3	605.17	603.11	600.81	597.24	597.12	595.79	594.64	591.01	589.58
S4	597.94	595.85	593.58	589.99	589.87	588.55	587.42	583.77	582.36
S5	586.69	584.58	582.35	578.77	578.71	577.30	576.25	572.73	570.63
S6	605.80	603.56	601.26	597.56	597.32	595.99	594.90	591.26	590.65

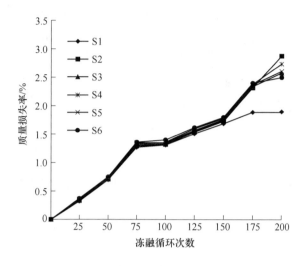

图 4-1   基准组风积沙混凝土试件不同循环次数下的质量损失率

由表 4-4 及图 4-1 可知，冻融循环作用后，基准组风积沙混凝土的质量损失率均大于零，质量损失率呈整体增加趋势，但增加幅度较小，且试件表面开始产生剥落以及微小裂纹。进行冻融循环实验时，基准风积沙混凝土的质量会有相应的改变，不过总体依然能够保持，并且在这些试件中，其质量的最大损失率都在 3% 以内。冻融作用下，随着冻融循环次数不断增多，风积沙混凝土表面会产生不同程度的剥落物，且由图 4-2 可知，基准组风积沙混凝土内部的微裂纹也会持续扩展，当达 150 个冻融循环时，冻融介质逐步侵蚀到混凝土内部，试件表面剥蚀量逐步增加。

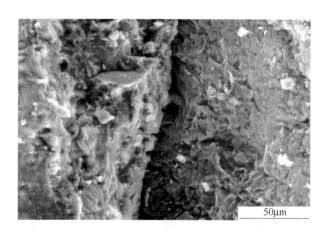

图 4-2   基准组风积沙混凝土试件电镜试验结果

　　损伤度为 0~0.1 风积沙混凝土试件的质量损失情况如表 4-5 和图 4-3 所示。根据表 4-5 以及图 4-3 我们能够知道，试件 A1、A2、A3、A4、A5、A6 在进行 75 次循环之前，在前面的实验中质量都会有所提升，但在 50 次到 75 次时质量有一个小的降低。但随着冻融循环次数的不断增加，100 次冻融循环时，6 个试件质量损失率将近 1.5%，125 次循环时，最大质量损失率已超过 2.5%。所有试件均未在最大冻融循环次数内断裂或者破坏。与基准风积沙混凝土相比，100 次冻融循环之前，损伤度为 0~0.1 风积沙混凝土试件质量变化不大，之后，其质量虽有一定变化，但损伤并不明显，且由图 4-4 可知损伤度为 0~0.1 风积沙混凝土试件冻融作用后内部微裂纹扩展情况与基准组较为接近。

表 4-5　损伤度为 0~0.1 的风积沙混凝土试件在不同循环次数下的质量损失　（g）

试件编号	循 环 次 数								
	0	25	50	75	100	125	150	175	200
A1	580.90	578.05	576.60	579.91	570.27	571.02	569.86	564.05	559.41
A2	613.97	610.84	609.37	612.80	602.55	602.30	601.08	594.94	590.03
A3	603.06	599.86	598.30	601.79	591.78	591.00	589.25	583.16	578.94
A4	593.89	590.56	589.08	592.52	582.55	581.54	579.64	573.88	569.96
A5	584.86	581.47	580.01	583.46	573.57	572.64	570.24	564.97	560.88
A6	596.45	592.87	591.32	594.84	584.88	583.33	580.94	574.98	571.40

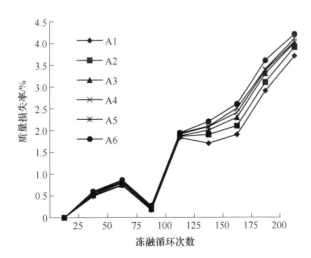

图 4-3　损伤度为 0~0.1 的风积沙混凝土试件质量损失率与冻融循环次数的关系

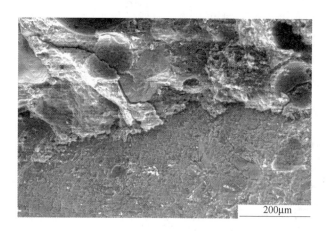

200μm

图 4-4 损伤度为 0~0.1 的风积沙混凝土试件电镜试验结果

损伤度为 0.1~0.2 的风积沙混凝土试件的质量损失情况如表 4-6 和图 4-5 所示，由图 4-5 可知，进行 0~125 次冻融循环实验时，试件的质量损失率整体呈上升趋势，100 次冻融循环之前，该损伤度范围内混凝土试件质量损失并不明显，且各试件质量损失率均低于 1%，但随着冻融循环次数不断加大，由图 4-6 可知，试件的内部微裂纹出现延伸，微裂纹的几何尺度也较基准组有较大扩张，且试件表面剥落物逐步增加，质量损失率也随之明显增大，与基准风积沙混凝土相比，125 次冻融循环后，损伤度为 0.1~0.2 的风积沙混凝土试件质量损失速率明显加快，这是由于预应力作用下风积沙混凝土内部出现较多应力集中及应变区，冻胀作用下这些应变区出现较大程度的破坏，风积沙混凝土的抗冻融性出现一定幅度的下降。

表 4-6 损伤度为 0.1~0.2 的风积沙混凝土试件在不同冻融循环次数下的质量损失

(g)

试件编号	循 环 次 数								
	0	25	50	75	100	125	150	175	200
B1	601.18	598.84	597.93	548.88	591.50	589.76	587.35	584.95	583.75
B2	585.72	583.32	582.50	533.01	575.94	574.01	571.66	569.32	568.15
B3	574.69	572.22	571.41	519.52	564.75	561.41	560.09	557.74	553.48
B4	595.19	592.45	591.56	589.42	488.65	580.91	579.72	577.33	571.38
B5	601.13	598.18	597.34	595.12	590.13	584.90	584.90	580.69	575.28
B6	624.77	621.65	620.71	617.90	613.09	606.65	607.28	601.65	596.66

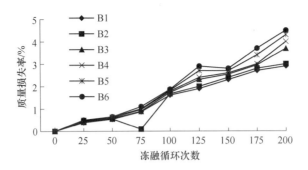

图 4-5 损伤度为 0.1~0.2 的风积沙混凝土试件质量损失率与冻融循环次数的关系

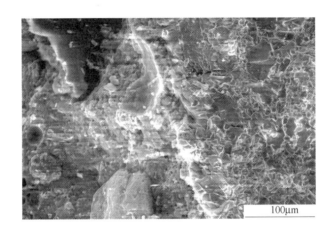

图 4-6 损伤度为 0.1~0.2 的风积沙混凝土试件电镜试验结果

损伤度为 0.2~0.3 的风积沙混凝土试件的质量损失情况如表 4-7 和图 4-7 所示。由图 4-7 可知，与基准风积沙混凝土相比，该损伤度范围内风积沙混凝土试件抵抗冻融作用次数整体明显减少，冻融循环进行到 50 次，试件 C5 与 C6 就会由于冻融产生断裂。与基准风积沙混凝土相比，在整个冻融循环过程中，该损伤度范围内混凝土试件质量损失较明显，由图 4-8 可知，内部微裂纹扩张较为明显，由间断性小裂纹逐步扩展为连通性裂缝，当循环次数进行到 100 次时，它的质量损失率已经基本大于 3%，而且冻融循环次数加大到 125 次时，最大质量损失率已将近 6%，风积沙混凝土抗冻融性能劣化。

表 4-7　损伤度为 0.2~0.3 的风积沙混凝土试件在不同循环次数下的质量损失

(g)

试件编号	循环次数								
	0	25	50	75	100	125	150	175	200
C1	604.48	602.30	597.23	594.81	586.95	580.91	579.09	573.53	567.61
C2	593.72	591.52	585.17	583.51	574.13	569.08	567.72	559.70	552.75
C3	622.51	619.96	613.17	610.68	599.17	596.36	595.12	585.41	579.56
C4	624.77	622.08	614.15	612.27	599.78	597.28	596.03	586.53	580.41

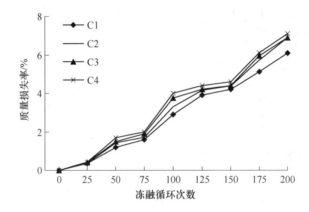

图 4-7　损伤度为 0.2~0.3 的风积沙混凝土试件质量损失率与冻融循环次数的关系

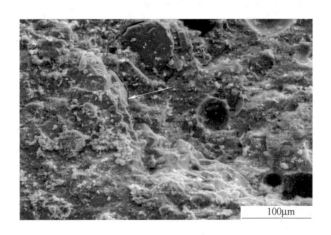

图 4-8　损伤度为 0.2~0.3 的风积沙混凝土试件电镜试验结果

在图4-9中，其显示的是处于不同损伤度中的风积沙混凝土的质量损失率和冻融循环次数的关联变化。由图4-9可知：就风积沙混凝土而言，当冻融循环次数加大的时候，每一种损伤度下质量都会出现相应的下降。如果循环次数没有区别，那么损伤度就会直接影响到风积沙混凝土的质量损失率，两者呈现出一种反方向的线性关系；当其损伤度在0~0.1范围内时，其质量损失率的增加速度与基准组基本持平；如果损伤度在0.1~0.2亦或是0.2~0.3，那么此时其质量损失率的增加速度就会远远比基准组及损伤度为0~0.1的风积沙混凝土要高得多，且随损伤度增加损失率变化速度明显提高。

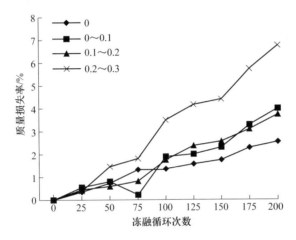

图4-9　风积沙混凝土试件在0~200次冻融循环后的质量损失率

4.3.2　相对动弹性模量及其分析

使得基准风积沙混凝土还有被损害的混凝土试件位于同样的器械中，展开冻融实验。当冻融循环次数分别达到0次、25次、50次、75次、100次、125次、150次、175次和200次时，将试件拿出，通过干抹布擦干表面水汽，然后通过非金属超声波测试器来对湿润时的超声波波速进行测量。记录如下，即基准组和损伤度为0~0.1、0.1~0.2和0.2~0.3混凝土试件的超声波波速分别如表4-8~表4-19、表4-20~表4-31、表4-32~表4-43和表4-44~表4-51所示。对于混凝土来说，相对动弹性模量能够对其内部的损伤状况进行说明，还可以对预应力破坏下的混凝土抗冻融性进行表征。根据式（2-3）来计算每一个试件的弹性模量。

每一种冻融循环次数中基准风积沙混凝土试件的超声波波速还有相对动弹性模量见表4-8~表4-19以及图4-10。一般来说，混凝土的内部受损情况可以通过相对动弹性模量来进行表示，根据图4-10，在冻融循环次数进行到75次以前，试件的相对动弹性模量变化较为缓慢，基本高于80%，且75次循环时，试件S1和S4的相对动弹性模量均在82%以上，此时，基准组混凝土内部受损并不严重。如果冻融的循环次数进行到125次，那么就相对动弹性模量来说，只有S4试件未达到80%。但随着冻融循环次数的不断增加，当基准组风积沙混凝土经历100次冻融循环作用后，试件S5和S6已无法测出超声波波速，并且就其他的试件而言，在相对动弹性模量上一般都没有达到60%，说明已经严重损伤。

表 4-8　基准组试件 S1 不同冻融循环次数下的超声波波速　　　(m/s)

冻融循环次数	第一次测试	第二次测试	第三次测试	均值
0	3893	3856	3900	3883
25	3664	3790	3760	3738
50	3582	3640	3590	3604
75	3632	3620	3560	3604
100	3744	3720	3750	3738
125	3740	3690	3700	3710
150	3470	3520	3480	3490
175	3347	3378	3355	3360
200	3156	3369	3255	3260

表 4-9　基准组试件 S1 不同冻融循环次数下的相对动弹性模量

冻融循环次数	波速均值/m·s^{-1}	相对动弹性模量/%
0	3883	100
25	3738	92.67
50	3604	86.15
75	3604	86.15
100	3738	92.67
125	3710	91.29
150	3490	80.78
175	3360	78.88
200	3260	70.49

表 4-10 基准组试件 S2 不同冻融循环次数下的超声波波速 （m/s）

冻融循环次数	第一次测试	第二次测试	第三次测试	均值
0	3743	3746	3725	3738
25	3713	3702	3715	3710
50	3606	3610	3596	3604
75	3670	3685	3655	3670
100	3604	3624	3602	3610
125	3460	3684	3566	3570
150	3457	3469	3454	3460
175	3271	3264	3245	3260
200	3216	3219	3210	3215

表 4-11 基准组试件 S2 不同冻融循环次数下的相对动弹性模量

冻融循环次数	波速均值/m·s^{-1}	相对动弹性模量/%
0	3738	100.00
25	3710	98.51
50	3604	92.96
75	3670	96.39
100	3610	93.27
125	3570	91.21
150	3460	85.68
175	3260	76.06
200	3215	73.97

表 4-12　基准组试件 S3 不同冻融循环次数下的超声波波速　（m/s）

冻融循环次数	第一次测试	第二次测试	第三次测试	均值
0	3681	3684	3645	3670
25	3614	3614	3602	3610
50	3583	3600	3587	3590
75	3600	3612	3600	3604
100	3540	3554	3526	3540
125	3505	3505	3490	3500
150	3419	3426	3415	3420
175	3185	3135	3100	3140
200	3119	3126	3115	3120

表 4-13　基准组试件 S3 不同冻融循环次数下的相对动弹性模量

冻融循环次数	波速均值/m·s^{-1}	相对动弹性模量/%
0	3670	100.00
25	3610	96.76
50	3590	95.69
75	3604	96.44
100	3540	93.04
125	3500	90.95
150	3420	86.84
175	3140	73.20
200	3120	72.27

表 4-14 基准组试件 S4 不同冻融循环次数下的超声波波速　　　（m/s）

冻融循环次数	第一次测试	第二次测试	第三次测试	均值
0	3963	3962	3955	3960
25	3954	3810	3885	3883
50	3845	3790	3795	3810
75	3733	3745	3736	3738
100	3610	3621	3614	3615
125	3534	3552	3549	3545
150	3519	3499	3512	3510
175	3467	3462	3466	3465
200	3377	3370	3360	3369

表 4-15 基准组试件 S4 不同冻融循环次数下的相对动弹性模量

冻融循环次数	波速均值/m·s^{-1}	相对动弹性模量/%
0	3960	100.00
25	3883	96.15
50	3810	92.57
75	3738	89.10
100	3615	83.33
125	3545	80.14
150	3510	78.56
175	3465	76.56
200	3369	72.38

表 4-16 基准组试件 S5 不同冻融循环次数下的超声波波速   （m/s）

冻融循环次数	第一次测试	第二次测试	第三次测试	均值
0	3669	3664	3677	3670
25	3606	3615	3609	3610
50	3545	3549	3541	3545
75	3492	3510	3495	3499
100	3396	3419	3415	3410
125	3381	3389	3379	3383
150	3271	3300	3299	3290
175	3242	3244	3249	3245
200	3192	3209	3199	3200

表 4-17 基准组试件 S5 不同冻融循环次数下的相对动弹性模量

冻融循环次数	波速均值/m·s^{-1}	相对动弹性模量/%
0	3670	100.00
25	3610	96.76
50	3545	93.30
75	3499	90.90
100	3410	86.33
125	3383	84.97
150	3290	80.36
175	3245	78.18
200	3200	76.03

表 4-18　基准组试件 S6 不同冻融循环次数下的超声波波速　　（m/s）

冻融循环次数	第一次测试	第二次测试	第三次测试	均值
0	3780	3799	3788	3789
25	3706	3715	3709	3710
50	3657	3649	3659	3655
75	3610	3608	3612	3610
100	3516	3555	3549	3540
125	3525	3515	3490	3510
150	3486	3495	3489	3490
175	3306	3315	3309	3310
200	3231	3255	3249	3245

表 4-19　基准组试件 S6 不同冻融循环次数下的相对动弹性模量

冻融循环次数	波速均值/m·s^{-1}	相对动弹性模量/%
0	3789	100.00
25	3710	95.87
50	3655	93.05
75	3610	90.77
100	3540	87.29
125	3510	85.82
150	3490	84.84
175	3310	76.31
200	3245	73.35

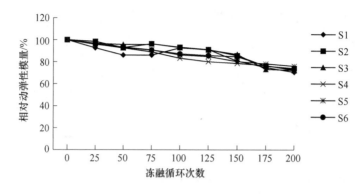

图 4-10   基准组混凝土试件相对动弹性模量

不同冻融循环次数下损伤度为 0~0.1 的风积沙混凝土试件超声波波速及相对动弹性模量如表 4-20~表 4-31 和图 4-11 所示。由图 4-11 可知,经 100 次冻融循环作用后,就试件 A1、A2、A3、A4 以及 A5、A6 来说,其相对动弹性模量都超过 80%,这是由内部微裂纹与微孔隙得到水的逐渐填充,超声波波速变大所致。100 次冻融循环之前,该损伤度范围内风积沙混凝土试件相对动弹性模量变化较为缓慢,且基本高于 70%。因为冻融的循环次数在持续加大,当其加大至 175 次时,试件 A3 不能进行超声波波速检测。在这一损伤度中,基准组与之相较,在相对动弹性模量的变化上基本一致,所以其应力损伤和抗冻融性的关系不用再加以考虑。

表 4-20   D1 组试件 A1 不同冻融循环次数下的超声波波速　　　　（m/s）

冻融循环次数	第一次测试	第二次测试	第三次测试	均值
0	3807	3815	3808	3810
25	3730	3748	3736	3738
50	3711	3704	3715	3710
75	3673	3672	3665	3670
100	3608	3614	3608	3610
125	3587	3587	3596	3590
150	3415	3419	3426	3420
175	3143	3135	3142	3140
200	3116	3085	3099	3100

表 4-21 D1 组试件 A1 不同冻融循环次数下的相对动弹性模量

冻融循环次数	波速均值/m·s⁻¹	相对动弹性模量/%
0	3810	100.00
25	3738	96.26
50	3710	94.82
75	3670	92.79
100	3610	89.78
125	3590	88.78
150	3420	80.58
175	3140	67.92
200	3100	66.20

表 4-22 D1 组试件 A2 不同冻融循环次数下的超声波波速 （m/s）

冻融循环次数	第一次测试	第二次测试	第三次测试	均值
0	3734	3741	3739	3738
25	3666	3665	3679	3670
50	3656	3515	3599	3590
75	3670	3674	3666	3670
100	3537	3544	3539	3540
125	3465	3479	3466	3470
150	3306	3309	3315	3310
175	3230	3235	3225	3230
200	3185	3206	3209	3200

表 4-23 D1 组试件 A2 不同冻融循环次数下的相对动弹性模量

冻融循环次数	波速均值/m·s^{-1}	相对动弹性模量/%
0	3738	100.00
25	3670	96.39
50	3590	92.24
75	3670	96.39
100	3540	89.69
125	3470	86.17
150	3310	78.41
175	3230	74.67
200	3200	73.29

表 4-24 D1 组试件 A3 不同冻融循环次数下的超声波波速 　　　　(m/s)

冻融循环次数	第一次测试	第二次测试	第三次测试	均值
0	3760	3754	3766	3760
25	3607	3614	3609	3610
50	3537	3539	3544	3540
75	3486	3485	3499	3490
100	3395	3391	3384	3390
125	3255	3259	3266	3260
150	3205	3210	3200	3205
175	—	—	—	—
200	—	—	—	—

表 4-25 **D1 组组试件 A3 不同冻融循环次数下的相对动弹性模量**

冻融循环次数	波速均值/m·s⁻¹	相对动弹性模量/%
0	3760	100.00
25	3610	92.18
50	3540	88.64
75	3490	86.15
100	3390	81.29
125	3260	75.17
150	3205	72.66
175	—	—
200	—	—

表 4-26 **D1 组试件 A4 不同冻融循环次数下的超声波波速** （m/s）

冻融循环次数	第一次测试	第二次测试	第三次测试	均值
0	4038	4045	4040	4041
25	3911	3915	3910	3912
50	3814	3810	3815	3813
75	3740	3735	3739	3738
100	3682	3670	3679	3677
125	3516	3519	3510	3515
150	3468	3461	3466	3465
175	3373	3371	3360	3368
200	3257	3258	3265	3260

表 4-27 D1 组组试件 A4 不同冻融循环次数下的相对动弹性模量

冻融循环次数	波速均值/m·s⁻¹	相对动弹性模量/%
0	4041	100.00
25	3912	93.72
50	3813	89.03
75	3738	85.57
100	3677	82.80
125	3515	75.66
150	3465	73.52
175	3368	69.47
200	3260	65.08

表 4-28 D1 组试件 A5 不同冻融循环次数下的超声波波速 （m/s）

冻融循环次数	第一次测试	第二次测试	第三次测试	均值
0	4041	4045	4049	4045
25	3905	3915	3910	3910
50	3814	3810	3833	3819
75	3740	3744	3739	3741
100	3682	3670	3679	3685
125	3516	3519	3570	3535
150	3468	3434	3466	3456
175	3373	3371	3360	3368
200	3257	3333	3265	3285

表 4-29 **D1 组组试件 A5 不同冻融循环次数下的相对动弹性模量**

冻融循环次数	波速均值/m·s⁻¹	相对动弹性模量/%
0	4045	100.00
25	3910	93.44
50	3819	89.14
75	3741	85.53
100	3685	82.99
125	3535	76.37
150	3456	73.00
175	3368	69.33
200	3260	65.95

表 4-30 **D1 组试件 A6 不同冻融循环次数下的超声波波速** （m/s）

冻融循环次数	第一次测试	第二次测试	第三次测试	均值
0	3914	4045	4005	3988
25	3902	3906	3895	3901
50	3814	3810	3833	3819
75	3740	3744	3769	3752
100	3682	3707	3690	3693
125	3516	3519	3570	3556
150	3462	3434	3451	3449
175	3373	3371	3378	3374
200	3301	3300	3290	3297

表 4-31 D1 组组试件 A6 不同冻融循环次数下的相对动弹性模量

冻融循环次数	波速均值/m·s⁻¹	相对动弹性模量/%
0	3988	100.00
25	3901	95.68
50	3819	91.70
75	3752	88.51
100	3693	85.75
125	3556	79.51
150	3449	74.80
175	3374	71.58
200	3297	68.35

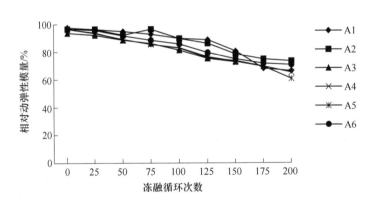

图 4-11 D1 组混凝土试件相对动弹性模量

    不同冻融循环次数下损伤度为 0.1~0.2 的混凝土试件超声波波速及相对动弹性模量如表 4-32~表 4-43 和图 4-12 所示。根据图 4-12 能够知道,在冻融循环增加到 75 次之后,在该损伤度中的混凝土,其相对动弹性模量的最小值也几乎达到 80%,相比之下破坏较多。而 175 次循环后,其最低相对动弹性模量将近60%。将预应力之下的风积沙混凝土和基准组比较,在损伤度为 0.1~0.2 的这一范围内,该试件的抗冻融年限有整体上的下降,这时,冻融循环进行到 80 次,不能进行超声波波速的测量,而且其性能也出现严重损耗。而与损伤度为 0~0.1

风积沙混凝土试件相比,该损伤度范围内风积沙混凝土相对动弹性模量损失较快。从这能够看出,风积沙混凝土的抗冻融性和预应力损伤关系密切,两者是一种反向线性关系。

表 4-32 D2 组试件 B1 不同冻融循环次数下的超声波波速 （m/s）

冻融循环次数	第一次测试	第二次测试	第三次测试	均值
0	3810	3809	3811	3810
25	3737	3741	3736	3738
50	3689	3689	3686	3688
75	3592	3596	3591	3593
100	3486	3489	3486	3487
125	3402	3405	3396	3401
150	3346	3343	3346	3345
175	3285	3296	3289	3290
200	3268	3268	3274	3270

表 4-33 D2 组组试件 B1 不同冻融循环次数下的相对动弹性模量

冻融循环次数	波速均值/m·s^{-1}	相对动弹性模量/%
0	3810	100
25	3738	96.26
50	3688	93.70
75	3593	88.93
100	3487	83.76
125	3401	79.68
150	3345	77.08
175	3290	74.57
200	3270	73.66

表 4-34 **D2 组试件 B2 不同冻融循环次数下的超声波波速** （m/s）

冻融循环次数	第一次测试	第二次测试	第三次测试	均值
0	3739	3740	3738	3739
25	3670	3673	3670	3671
50	3542	3535	3546	3541
75	3418	3419	3426	3421
100	3317	3312	3319	3316
125	3238	3239	3249	3242
150	3156	3155	3169	3160
175	—	—	—	—
200	—	—	—	—

表 4-35 **D2 组组试件 B2 不同冻融循环次数下的相对动弹性模量**

冻融循环次数	波速均值/m·s⁻¹	相对动弹性模量/%
0	3739	100
25	3671	96.40
50	3541	89.69
75	3421	83.71
100	3316	78.65
125	3242	75.18
150	3160	71.43
175	—	—
200	—	—

表 4-36 **D2 组试件 B3 不同冻融循环次数下的超声波波速** （m/s）

冻融循环次数	第一次测试	第二次测试	第三次测试	均值
0	4013	4013	4016	4014
25	3916	3914	3918	3916
50	3810	3819	3816	3815
75	3797	3792	3796	3795
100	3724	3699	3710	3711
125	3615	3616	3614	3615
150	3525	3524	3529	3526
175	3434	3440	3449	3441
200	3323	3334	3330	3329

表 4-37 **D2 组组试件 B3 不同冻融循环次数下的相对动弹性模量**

冻融循环次数	波速均值/$m \cdot s^{-1}$	相对动弹性模量/%
0	4014	100
25	3916	95.18
50	3815	90.33
75	3795	89.39
100	3711	85.47
125	3615	81.11
150	3526	77.16
175	3441	73.49
200	3329	68.78

表 4-38   **D2 组试件 B4 不同冻融循环次数下的超声波波速**   （m/s）

冻融循环次数	第一次测试	第二次测试	第三次测试	均值
0	4119	4119	4122	4120
25	4050	4049	4036	4045
50	3870	3880	3878	3876
75	3712	3709	3712	3711
100	3639	3636	3645	3640
125	3550	3547	3547	3548
150	3351	3340	3344	3345
175	3287	3289	3294	3290
200	—	—	—	—

表 4-39   **D2 组组试件 B4 不同冻融循环次数下的相对动弹性模量**

冻融循环次数	波速均值/m·s⁻¹	相对动弹性模量/%
0	4120	100
25	4045	96.39
50	3876	88.51
75	3711	81.13
100	3640	78.06
125	3548	74.16
150	3345	65.92
175	3290	63.77
200	—	—

表 4-40 D2 组试件 B5 不同冻融循环次数下的超声波波速 （m/s）

冻融循环次数	第一次测试	第二次测试	第三次测试	均值
0	3739	3743	3738	3740
25	3670	3673	3724	3689
50	3602	3535	3546	3561
75	3418	3458	3426	3434
100	3317	3312	3373	3334
125	3280	3239	3249	3256
150	3173	3159	3169	3167
175	3089	3105	3106	3103
200	—	—	—	—

表 4-41 D2 组组试件 B5 不同冻融循环次数下的相对动弹性模量

冻融循环次数	波速均值/m·s⁻¹	相对动弹性模量/%
0	3740	100
25	3689	97.29
50	3561	90.66
75	3434	84.31
100	3334	79.47
125	3256	75.79
150	3167	71.71
175	3103	68.84
200	—	—

表 4-42 **D2 组试件 B6 不同冻融循环次数下的超声波波速** （m/s）

冻融循环次数	第一次测试	第二次测试	第三次测试	均值
0	4018	4014	4016	4016
25	3916	3926	3918	3920
50	3822	3819	3816	3819
75	3759	3749	3760	3756
100	3721	3699	3710	3710
125	3636	3616	3614	3622
150	3525	3536	3529	3530
175	3434	3440	3449	3441
200	3323	3334	3330	3329

表 4-43 **D2 组组试件 B6 不同冻融循环次数下的相对动弹性模量**

冻融循环次数	波速均值/m·s^{-1}	相对动弹性模量/%
0	4016	100
25	3920	95.28
50	3819	90.43
75	3756	87.47
100	3710	85.34
125	3622	81.34
150	3530	77.26
175	3441	73.41
200	3329	68.71

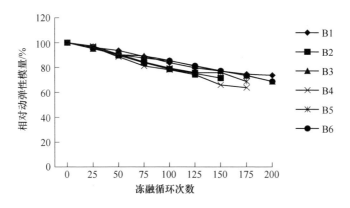

图 4-12 D2 组混凝土试件相对动弹性模量

不同冻融循环次数下损伤度为 0.2~0.3 的风积沙混凝土试件超声波波速及相对动弹性模量如表 4-44~表 4-51 和图 4-13 所示。根据图 4-13 能够知道，该损伤度下试件经冻融作用后相对动弹性模量呈整体下降趋势，其中试件 C2 进行到 75 次冻融循环时，其相对动弹性模量会达到 80% 以下，且当达到 200 次冻融循环时，各试件相对动弹性模量已不满足标准要求。但相较于基准组风积沙混凝土来说，该损伤度下风积沙混凝土相对动弹模量下降速率较高，抗冻性劣化速度也较快。

表 4-44 D3 组试件 C1 不同冻融循环次数下的超声波波速　　　　（m/s）

冻融循环次数	第一次测试	第二次测试	第三次测试	均值
0	3694	3687	3689	3690
25	3570	3570	3562	3566
50	3470	3473	3470	3471
75	3352	3369	3365	3362
100	3262	3257	3261	3260
125	3151	3155	3156	3154
150	3103	3103	3100	3102
175	—	—	—	—
200	—	—	—	—

表 4-45　D3 组组试件 C1 不同冻融循环次数下的相对动弹性模量

冻融循环次数	波速均值/m·s^{-1}	相对动弹性模量/%
0	3690	100
25	3566	93.39
50	3471	88.48
75	3362	83.01
100	3260	78.05
125	3154	73.06
150	3102	70.67
175	—	—
200	—	—

表 4-46　D3 组试件 C2 不同冻融循环次数下的超声波波速　　　　（m/s）

冻融循环次数	第一次测试	第二次测试	第三次测试	均值
0	4144	4147	4144	4145
25	4050	4049	4036	4023
50	3870	3880	3878	3876
75	3712	3709	3712	3711
100	3639	3636	3645	3640
125	3550	3547	3547	3540
150	3351	3340	3344	3345
175	3287	3289	3294	3290
200	—	—	—	—

表 4-47　D3 组组试件 C2 不同冻融循环次数下的相对动弹性模量

冻融循环次数	波速均值/m·s⁻¹	相对动弹性模量/%
0	4145	100
25	4023	94.20
50	3876	87.44
75	3711	80.16
100	3640	77.12
125	3540	72.94
150	3345	65.12
175	3290	63.00
200	—	—

表 4-48　D3 组试件 C3 不同冻融循环次数下的超声波波速　　（m/s）

冻融循环次数	第一次测试	第二次测试	第三次测试	均值
0	3736	3739	3739	3738
25	3682	3677	3678	3679
50	3545	3541	3549	3545
75	3461	3462	3463	3462
100	3385	3384	3389	3386
125	3279	3260	3268	3269
150	3154	3155	3159	3156
175	—	—	—	—
200	—	—	—	—

表 4-49　D3 组组试件 C3 不同冻融循环次数下的相对动弹性模量

冻融循环次数	波速均值/m·s⁻¹	相对动弹性模量/%
0	3738	100
25	3679	96.87
50	3545	89.94
75	3462	85.78
100	3386	82.05
125	3269	76.48
150	3156	71.28
175	—	—
200	—	—

表 4-50　D3 组试件 C4 不同冻融循环次数下的超声波波速　　　（m/s）

冻融循环次数	第一次测试	第二次测试	第三次测试	均值
0	3958	3959	3951	3956
25	3819	3815	3814	3816
50	3739	3739	3736	3738
75	3654	3655	3659	3656
100	3547	3552	3548	3549
125	3468	3457	3455	3460
150	3357	3362	3361	3360
175	3206	3215	3209	3210
200	—	—	—	—

表 4-51 **D3 组组试件 C4 不同冻融循环次数下的相对动弹性模量**

冻融循环次数	波速均值/m·s⁻¹	相对动弹性模量/%
0	3956	100
25	3816	93.05
50	3738	89.28
75	3656	85.41
100	3549	80.48
125	3460	76.50
150	3360	72.14
175	3210	65.84
200	—	—

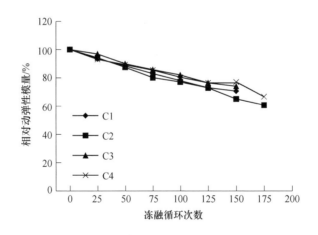

图 4-13 D3 组混凝土试件相对动弹性模量

就这些不同的损伤度范围而言，风积沙混凝土试件的冻融循环次数以及相对动弹性模量两者的关联可见图 4-14。由图 4-14 可知，冻融次数与基准组混凝土还有预应力组混凝土的相对动弹性模量都联系紧密。同时，当冻融次数相同时，其相对动弹性模量与损伤度呈现反向线性关系；如果损伤度在 0~0.1 这一范围之内，且有预应力损伤，那么就相对动弹性模量来说，其降低程度和基准组类似；当损伤度范围在 0.1~0.2 以及 0.2~0.3 时，在预应力的影响之下，预应力损伤下的风积沙混凝土在相对动弹性模量上，降低程度要比基准组大，经过 150 次冻融循环之后，该混凝土的损伤度已经可以达到 0.2~0.3，而且其相对动弹性模量会低于 60%，经过 175 次循环之后，该混凝土就会被严重破坏，有些甚至不能进行超声波波速检测，这表示该混凝土的预应力损伤得到强化，其抗冻融性能出现大幅度下降。

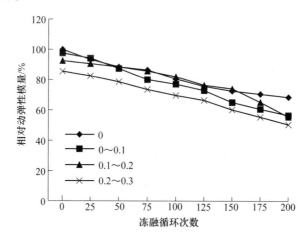

图 4-14 试件在 0~200 次冻融循环后相对动弹性模量

4.4 微观试验分析

对损伤度分别为 0、0~0.1、0.1~0.2、0.2~0.3（D0、D1、D2、D3）风积沙混凝土进行冻融前后压汞试验分析，结果如表 4-52、表 4-53 所示，孔隙率和孔径分布见图 4-15、图 4-16。

表 4-52 预应力风积沙混凝土的孔隙率

损伤度	总孔隙率/%	不同损伤度的孔隙率/%				
		<10nm	10~100nm	100~1000nm	1~10μm	>10μm
0	10.55	2.75	2.12	3.73	1.33	0.62
0~0.1	11.36	2.56	2.01	1.89	1.45	3.45
0.1~0.2	13.64	3.65	2.48	1.96	3.02	2.53
0.2~0.3	16.78	4.01	3.02	2.79	3.46	3.50

表 4-53 预应力+冻融作用后风积沙混凝土的孔隙率

损伤度	总孔隙率/%	不同损伤度的孔隙率/%				
		<10nm	10~100nm	100~1000nm	1~10μm	>10μm
0	12.38	2.95	2.62	4.83	1.53	0.45
0~0.1	14.65	3.56	3.38	5.21	1.68	0.82
0.1~0.2	17.43	4.88	3.98	5.99	1.94	0.64
0.2~0.3	19.86	5.36	4.32	6.37	2.89	0.92

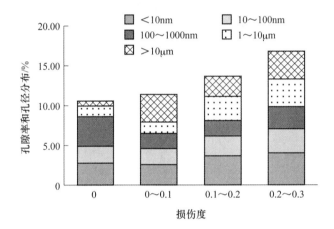

图 4-15 孔隙率和孔径分布

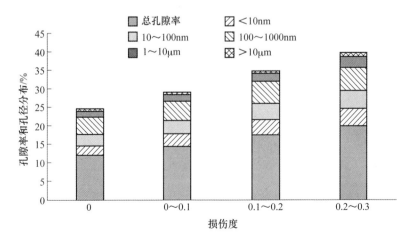

图 4-16 孔隙率和孔径分布

由表 4-52 及图 4-15 可知，基准组及损伤度为 0~0.1 的风积沙混凝土孔隙率相差不大，分别为 10.55% 及 11.36%，且孔隙主要分布在 10~100nm 及 100~1000nm 之间，但损伤度为 0.1~0.2、0.2~0.3 的风积沙混凝土孔隙率较基准组分别增大 3.09%、6.23%，有较大增幅，且增幅主要体现在 10~100nm 之间。冻融作用之后，由表 4-53 及图 4-16 可知，不同损伤度风积沙混凝土孔隙率均呈现增加趋势，其中损伤度为 0.2~0.3 组风积沙混凝土总孔隙率为 19.86%，100~1000nm 之间孔隙率更是达到 6.37%，这表明冻融作用后，该损伤度下风积沙混凝土内部微裂纹由小孔隙逐步发展为联通的大孔隙，预应力作用后风积沙混凝土抗冻性变差。

4.5 本 章 小 结

本章针对预应力及冻融作用下风积沙混凝土劣化进程进行研究，深入探讨了损伤应力与冻融应力耦合作用下风积沙混凝土劣化机理，具体研究结论如下：

（1）预应力损伤后，不同损伤度风积沙混凝土经冻融作用后质量损失率及相对动弹性模量变化呈整体增加趋势，且随着损伤度增加，质量损失率及相对动弹性模量变化幅度逐步增大，基准组及损伤度为 0~0.1 组经受 200 次冻融循环后质量损失率及相对动弹性模量均满足标准要求，损伤度为 0.1~0.2 及 0.2~0.3 组风积沙混凝土在 75 次及 150 次冻融循环后，质量损失率及相对动弹性模量出现较大幅度降低，抗冻性显著降低。

（2）预应力损伤及冻融作用后，风积沙混凝土微观形貌上随着损伤度的增加而微裂纹逐步扩展，进而发展成较大的联通孔隙，且总孔隙率也随着损伤度的增加而逐步增加，其中损伤度为 0.2~0.3 组风积沙混凝土总孔隙率为 19.86%，100~1000nm 之间孔隙率更是达到 6.37%，抗冻性显著降低。

5 预应力作用下风积沙混凝土抗氯盐侵蚀性能分析

当混凝土凝结成型之后，其本身的性质是包含微裂纹与微孔隙的不均匀物质[68]，能够抵抗载荷以及环境影响，其内部的裂缝会进行延伸，然后产生新的微裂纹；并且，大小与结构的不同都会导致其自身产生群体效应，使得所有微结构物质产生影响。如果混凝土经过卸荷，那么对于微结构来说，其是不可以愈合的，而且会致使能量消耗，造成混凝土强度以及刚度出现降低，即产生混凝土的脆性损伤。如果混凝土出现损伤，那么它的内部就会出现微裂纹，而且孔隙之间也会产生相互影响，不会呈现独立性，所以一般来说，要想完全了解微裂纹的大小和形状以及分布特点是非常困难的，也很难对其四周的应力场进行明确。损伤力学理论采用了如下的一种研究途径：把包括大量微裂纹的部分当做局部均匀场，那么在该场中，需要对裂纹的总体进行考量。找到可以对其进行说明的相应变量，即损伤变量，以此来进行材料损伤情况的说明。同时，混凝土的抗渗性能是影响其物理力学性能的重要因素，受离子侵蚀的影响，混凝土结构的渗透特性普遍出现一定程度的劣化。因此，在混凝土中常常会发生由离子侵蚀导致的渗透破坏，氯离子往往与混凝土中的铝酸三钙等物质发生反应，生成比反应物体大几倍的固相化合物，造成混凝土的膨胀破坏，严重降低材料的耐久性和稳定性。

有鉴于此，本研究以预应力损伤后的风积沙混凝土为基础试样，对其在氯盐侵蚀作用下的耦合破坏机理进行研究，采用相对动弹性模量及质量损失率评价其宏观劣化特性，以扫描电镜及压汞试验观测其微观形貌及孔隙特性，进而从宏微观特性劣化进程的角度分析风积沙混凝土劣化机理。

5.1 干湿循环的试样准备

选取损伤度为 0~0.1、0.1~0.2、0.2~0.3 的风积沙混凝土，具体预制过程如表 5-1~表 5-3 所示。

表 5-1　损伤度为 0~0.1 的风积沙混凝土试件预应力损伤预制

试件编号	$v_0/\mathrm{m \cdot s^{-1}}$	$v_1/\mathrm{m \cdot s^{-1}}$	D
A7	3812	3735	0.040
A8	3739	3582	0.082
A9	3608	3541	0.037
A10	3740	3675	0.034
A11	3890	3737	0.077
A12	3744	3605	0.073

由表 5-1 可知，在进行预应力加载并用超声波测速仪测得波速后，经式 (4-1) 计算可知均满足损伤度为 0~0.1，故得到 0~0.1 的损伤度。

表 5-2　损伤度为 0.1~0.2 的风积沙混凝土试件预应力损伤预制

试件编号	$v_0/\mathrm{m \cdot s^{-1}}$	$v_1/\mathrm{m \cdot s^{-1}}$	D_1	$v_2/\mathrm{m \cdot s^{-1}}$	D_2
B7	3884	3710	0.09	3544	0.17
B8	3812	3604	0.11	—	—
B9	3889	3750	0.07	3660	0.11
B10	3815	3760	0.03	3526	0.15
B11	3879	3738	0.07	3589	0.14
B12	3806	3754	0.03	3552	0.13

由表 5-2 可知，在进行预应力加载并用超声波测速仪测得波速后，经式 (4-1) 的相关运算可知，某些试件的预应力损伤状况依然不符合实验需求，本次加载所得到的波速和损伤度分别为 v_1 和 D_1，继续加载后得到了第二个超声波波速和本组别的最终预应力损伤度 D_2，且均满足损伤度为 0.1~0.2。

表 5-3　损伤度为 0.2~0.3 的风积沙混凝土试件预应力损伤预制

试件编号	$v_0/\mathrm{m \cdot s^{-1}}$	$v_1/\mathrm{m \cdot s^{-1}}$	D_1	$v_2/\mathrm{m \cdot s^{-1}}$	D_2	$v_3/\mathrm{m \cdot s^{-1}}$	D_3
C5	3790	3670	0.06	3515	0.14	3361	0.21
C6	3869	3810	0.03	3632	0.12	3249	0.29
C7	3549	3540	0.01	3352	0.11	3115	0.23

由表 5-3 可知,在进行预应力加载并用超声波测速仪测得波速后,经式 (4-1) 计算可知,部分试件未达到试验所需预应力损伤程度,第一次加载所得到的波速和损伤度分别为 v_1 和 D_1,继续预应力加载后,得到的波速和损伤度分别为 v_2 和 D_2,但还是未能满足本组别对于预应力损伤度的要求,故进行第三次加载,得到的波速和损伤度分别为 v_3 和 D_3。

5.2　试件质量变化结果及分析

把预应力组和基准组的风积沙混凝土试件同时放入氯化钠溶液,该溶液有 5%的浓度,之后开展干湿循环实验,当循环次数分别达到 15、30、45、60、75、90 时,用电子秤称量试件的质量,试验结果见表 5-4~表 5-8,并由式 (2-4) 计算试件的质量损失率,绘制折线图,如图 5-1~图 5-4 所示。

如表 5-4 及图 5-1 所示,基准组风积沙混凝土试件的质量在整个循环过程中均高于初始值,且大体变化趋势基本一致。由此能够知道,在基准组试件中,混凝土的抗氯盐腐蚀性大体相同。即在相同的循环次数下,所有风积沙混凝土试件的质量持续缓慢增加,并持续增加到 90 次干湿循环。原因在于当 Cl^- 到达混凝土的内部之后,其原有的微孔隙以及裂纹会和水泥等物质产生相应的反应,形成氯化钙 $(3\mathrm{CaO \cdot CaCl_2 \cdot 12H_2O})$ 等这类氯盐化合物,这些生成物进入并填充了风积沙混凝土中的微孔隙,使混凝土内部更加密实,导致试件质量增加,试件质量增加的平均值为其初始值的 2.21%。

表 5-4　基准组风积沙混凝土试件不同干湿循环次数下的质量　　　　(g)

试件编号	循环次数						
	0	15	30	45	60	75	90
S7	607.05	610.15	612.26	615.69	617.55	619.25	622.01

续表 5-4

试件编号	循 环 次 数						
	0	15	30	45	60	75	90
S8	603.24	605.26	607.36	609.45	611.25	613.39	612.96
S9	617.50	619.44	621.25	623.68	625.44	626.47	628.50
S10	597.51	599.22	602.33	604.58	606.63	609.53	611.67
S11	585.30	588.32	591.29	593.47	595.54	596.35	599.01
S12	616.85	617.96	619.68	621.49	623.47	626.45	628.36

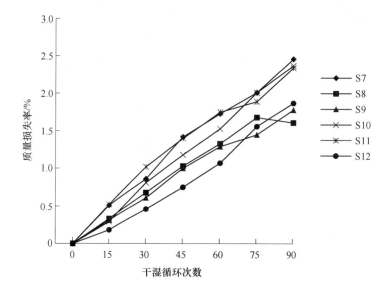

图 5-1 基准组风积沙混凝土试件不同干湿循环次数下的质量损失率

如表 5-5 及图 5-2 所示，损伤度为 0~0.1 的风积沙混凝土试件的质量在循环的整个阶段是增加的。在这一过程中，A7、A9、A10 以及 A11、A12 等试件在质量变化上和基准组大体相同，只有试件 A8 在 30 个循环后，质量增加先放缓，然后又继续增加。可见，0~0.1 这一损伤度对风积沙混凝土抗氯盐腐蚀性能的影响不大，最终也可以不考虑风积沙混凝土的抗氯盐腐蚀性与损伤度的关系。这是由于 0~0.1 这一损伤度，对混凝土内部的微裂纹、微孔隙的劣化程度很小，对溶液中的 Cl⁻ 在混凝土中扩散渗透的作用并不明显。

表 5-5　损伤度为 0~0.1 的风积沙混凝土试件在不同干湿循环次数下的质量　（g）

试件编号	循环次数						
	0	15	30	45	60	75	90
A7	595.84	597.23	598.69	600.59	603.14	605.29	606.89
A8	606.75	608.73	610.36	612.45	614.64	616.66	618.48
A9	632.26	633.99	635.49	637.62	639.41	641.36	642.06
A10	606.58	608.64	608.46	610.36	611.85	613.49	615.05
A11	612.71	614.62	616.39	618.47	620.25	621.36	623.45
A12	601.40	603.25	606.33	608.49	610.67	612.37	613.18

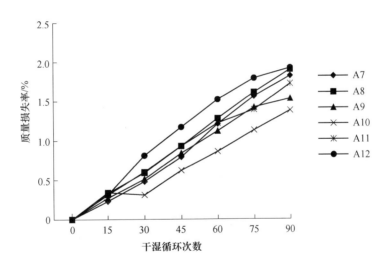

图 5-2　损伤度为 0~0.1 的风积沙混凝土试件不同干湿循环次数下的质量损失率

如表 5-6 及图 5-3 所示，损伤度为 0.1~0.2 的风积沙混凝土试件的质量在循环初期增加，其后开始平稳，在达到 45 个循环后，大部分试件的质量继续上升。这是由于试件受到荷载的作用后，其内部的微裂纹、微孔隙之间相互贯通，导致骨料与胶凝材料的界面劣化。这对于氯离子来说，可以促进其扩散和渗透，当氯离子到达混凝土内部时，其会和水泥等物质产生相应的反应，最终得到氯化钙（$3CaO \cdot CaCl_2 \cdot 12H_2O$）等氯盐化合物，导致微孔隙之间不断地贯通，造成试件表面的涨裂破坏。可见，0.1～0.2这一损伤度的存在加速了风积沙混凝土在氯盐中腐蚀的速度。

表5-6 损伤度为0.1～0.2的风积沙混凝土试件在不同干湿循环次数下的质量

(g)

试件编号	循环次数						
	0	15	30	45	60	75	90
B7	595.84	597.23	598.69	600.59	603.14	605.29	606.89
B8	606.75	608.73	610.36	612.45	614.64	616.66	618.48
B9	632.26	633.99	635.49	637.62	639.41	641.36	642.06
B10	606.58	608.64	608.46	610.36	611.85	613.49	615.05
B11	612.71	614.62	616.39	618.47	620.25	621.36	623.45
B12	601.40	603.25	606.33	608.49	610.67	612.37	613.18

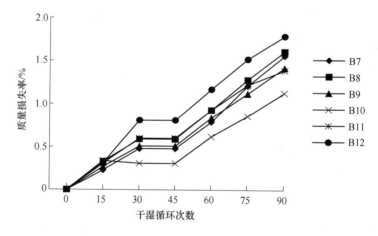

图5-3 损伤度为0.1～0.2的风积沙混凝土试件不同干湿循环次数下的质量损失率

如表5-7及图5-4所示，损伤度为0.2～0.3的风积沙混凝土试件的质量在60个循环以前均高于初始状态，试件质量的平均增加率为其初始值的0.6%，在60个循环以后风积沙混凝土试件的质量呈现下降的趋势，试件质量减少的平均值达到了其初始值的0.5%。原因在于这一组实验中，试件具有很大的损伤度，会促进抗氯盐腐蚀速度。而氯离子会和水泥持续产生反应，从而形成氯化钙

（3CaO·CaCl₂·12H₂O）等物质，$3CaO \cdot CaCl_2 \cdot 12H_2O$ 引发膨胀压力之后，其强度就会大于风积沙混凝土的强度，引起混凝土试件的膨胀开裂，试件表面出现麻面、掉渣、掉角，甚至断裂，这样就会造成该试件的质量出现波动。

表 5-7　损伤度为 0.2~0.3 的风积沙混凝土试件在不同干湿循环次数下的质量

(g)

试件编号	循 环 次 数						
	0	15	30	45	60	75	90
C5	584.04	586.23	588.36	591.25	594.48	594.69	591.36
C6	584.03	587.29	600.09	603.96	606.59	604.29	600.98
C7	593.16	596.47	599.64	603.02	606.14	602.68	598.64

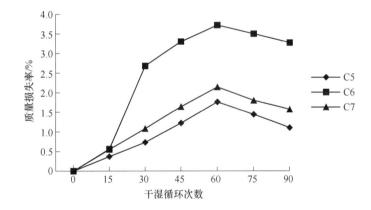

图 5-4　损伤度为 0.2~0.3 的风积沙混凝土试件不同干湿循环次数下的质量损失率

5.3　试件相对动弹性模量及分析

把基准组和预应力组都放入氯化钠溶液内，并且该溶液的浓度是 5.0%，然后开展干湿循环实验，当达到一定循环次数时，风积沙混凝土试件置于恒温恒湿的环境下 24h 后，通过非金属超声检测仪器进行波速测量。预应力下风积沙混凝土的相对动弹性模量以两个超声波波速为基点通过式（4-1）进行计算，也就是将风积沙混凝土在没有受到损害之前以及受到预应力损伤之后的超声波波速当做基础，将这两者的相对动弹性模量用来进行被破坏混凝土抗氯盐侵蚀性的表征。现将风积沙混凝土超声波的波速记录如下，即基准组、损伤度为 0~0.1 和 0.1~

0.2 以及 0.2~0.3 范围内的混凝土试件，其超声波波速如表 5-8~表 5-10、表
5-11~表 5-13、表 5-14~表 5-16 和表 5-17~表 5-19 所示。

表 5-8　试件 S7 在不同循环次数下的超声波波速　　　　　（m/s）

循环次数	第一次测试	第二次测试	第三次测试	均值
0	3632	3639	3631	3634
15	3651	3652	3647	3650
30	3702	3701	3697	3700
45	3811	3812	3807	3810
60	3719	3721	3720	3720
75	3749	3755	3746	3750
90	3844	3839	3831	3838

表 5-9　试件 S8 在不同循环次数下的超声波波速　　　　　（m/s）

循环次数	第一次测试	第二次测试	第三次测试	均值
0	3815	3810	3811	3812
15	3866	3870	3871	3869
30	3900	3906	3900	3902
45	3988	3986	3990	3988
60	4008	4010	4000	4006
75	4177	4012	4099	4096
90	4130	4122	4123	4125

表 5-10   试件 S9 在不同循环次数下的超声波波速   （m/s）

循环次数	第一次测试	第二次测试	第三次测试	均值
0	4045	4039	4036	4040
15	4100	4089	4099	4096
30	4138	4132	4138	4136
45	4199	4200	4195	4198
60	4262	4264	4266	4264
75	4333	4338	4337	4336
90	4407	4402	4400	4403

图 5-5 显示的是基准组混凝土试件处于氯化钠溶液时经过 0~90 次的干湿交替加速之后得出的相对动弹性模量。根据表 5-8~表 5-10 还有图 5-5 能够知道，就基准组来说，其试件的动弹性模量与循环次数关系紧密，呈现出负相关联系。原因在于氯离子到达了混凝土内部，使得内部的微裂纹与微孔隙和水泥产生反应，致使孔隙受到破坏，微裂纹逐渐增多，风积沙混凝土密实度降低，最后出现动弹性模量下降的趋势。

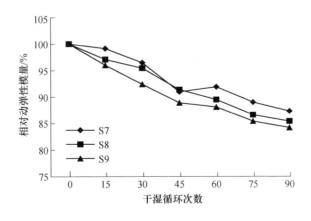

图 5-5   基准组风积沙混凝土试件不同干湿循环次数下的相对动弹性模量

表 5-11 试件 A7 在不同循环次数下的超声波波速 （m/s）

循环次数	第一次测试	第二次测试	第三次测试	均值
0	3632	3639	3631	3634
15	3651	3652	3647	3650
30	3702	3701	3697	3700
45	3811	3812	3807	3810
60	3719	3721	3720	3720
75	3749	3755	3746	3750
90	3844	3839	3831	3838

表 5-12 试件 A8 在不同循环次数下的超声波波速 （m/s）

循环次数	第一次测试	第二次测试	第三次测试	均值
0	3662	3689	3621	3624
15	3652	3655	3644	3650
30	3702	3701	3697	3700
45	3811	3812	3807	3810
60	3719	3721	3720	3720
75	3749	3755	3746	3750
90	3844	3839	3831	3838

表 5-13 　试件 A9 在不同循环次数下的超声波波速 　　　　（m/s）

循环次数	第一次测试	第二次测试	第三次测试	均值
0	3632	3639	3631	3634
15	3651	3652	3647	3650
30	3702	3701	3697	3700
45	3811	3812	3807	3810
60	3719	3721	3720	3720
75	3749	3755	3746	3750
90	3844	3839	3831	3838

图 5-6 显示的是损伤度在 0~0.1 范围内的混凝土试件经过 0~90 次循环之后的动弹性模量。由表 5-11~表 5-13 及图 5-6 可知，以试件受损前的超声波波速为基点的相对动弹性模量的大体变化趋势是随着循环的进行缓慢下降，但是在 60个循环时，试件 A7 稍微上升了一点，并且随着趋势继续下降，然而从总体来说，动弹性模量是会有所降低，但均保持在初始值的 85% 左右。相对于损伤度为 0~0.1 的风积沙混凝土试件，二者相差不大，这表明当损伤度较小时，风积沙混凝土抗氯离子侵害能力未出现明显削弱。

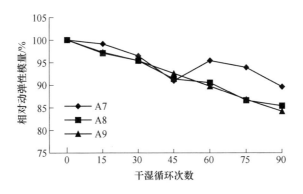

图 5-6 　损伤度为 0~0.1 的风积沙混凝土试件不同干湿循环次数下的相对动弹性模量

表 5-14　试件 B7 在不同循环次数下的超声波波速　　　　（m/s）

循环次数	第一次测试	第二次测试	第三次测试	均值
0	3632	3639	3631	3634
15	3651	3652	3647	3650
30	3702	3701	3697	3700
45	3811	3812	3807	3810
60	3719	3721	3720	3720
75	3749	3755	3746	3750
90	3844	3839	3831	3838

表 5-15　试件 B8 在不同循环次数下的超声波波速　　　　（m/s）

循环次数	第一次测试	第二次测试	第三次测试	均值
0	3632	3639	3631	3634
15	3651	3652	3647	3650
30	3702	3701	3697	3700
45	3811	3812	3807	3810
60	3719	3721	3720	3720
75	3749	3755	3746	3750
90	3844	3839	3831	3838

表 5-16 试件 B9 在不同循环次数下的超声波波速   （m/s）

循环次数	第一次测试	第二次测试	第三次测试	均值
0	3632	3639	3631	3634
15	3651	3652	3647	3650
30	3702	3701	3697	3700
45	3811	3812	3807	3810
60	3719	3721	3720	3720
75	3749	3755	3746	3750
90	3844	3839	3831	3838

图 5-7 和图 5-8 显示的是损伤度范围在 0.1~0.2 的试件在循环时的相对动弹性模量。根据表 5-14～表 5-16 还有图 5-7、图 5-8 我们能够知道，当循环到 30 次的时候，其动弹性模量数值最大，平均值是 0.80，而经过 90 次循环之后，其数值最小，平均值是 0.4，是基准组的 77.8%，是损伤度范围在 0~0.1 试件的 65.1%。由此可知，风积沙混凝土的相对动弹性模量和损伤度水平密切相关，当损伤度增加时，对模量的影响就会加剧。由图 5-8 可以看出，以混凝土受损后的超声波波速为起点的相对动弹性模量在整个实验过程中的变化趋势与图 5-7 是一致的，即其作为图 5-7 的进一步解释说明，表明当损伤度增加到一定程度时，氯盐侵蚀作用下风积沙混凝土抗侵蚀能力呈现较大程度损伤，这也进一步说明预应力作用下风积沙混凝土抗氯盐侵蚀能力较单一，氯盐侵蚀作用出现较大程度降低。

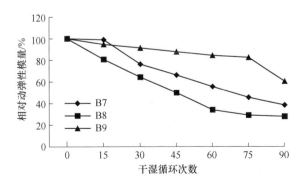

图 5-7 损伤度为 0.1~0.2 的风积沙混凝土试件不同干湿循环次数下的相对动弹性模量

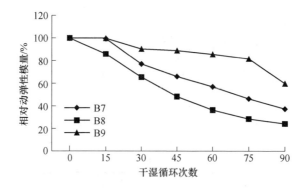

图 5-8 损伤度为 0.1~0.2 的风积沙混凝土试件以损伤后的
超声波波速为基点的相对动弹性模量变化情况

表 5-17 试件 C7 在不同循环次数下的超声波波速 （m/s）

循环次数	第一次测试	第二次测试	第三次测试	均值
0	3632	3639	3631	3634
15	3651	3652	3647	3650
30	3702	3701	3697	3700
45	3811	3812	3807	3810
60	3719	3721	3720	3720
75	3749	3755	3746	3750
90	3844	3839	3831	3838

表 5-18 试件 C8 在不同循环次数下的超声波波速 （m/s）

循环次数	第一次测试	第二次测试	第三次测试	均值
0	3632	3639	3631	3634
15	3651	3652	3647	3650
30	3702	3701	3696	3700
45	3811	3811	3807	3810
60	3718	3721	3720	3720
75	3749	3755	3746	3750
90	3844	3839	3831	3838

表 5-19   试件 C9 在不同循环次数下的超声波波速   （m/s）

循环次数	第一次测试	第二次测试	第三次测试	均值
0	3632	3639	3631	3634
15	3651	3652	3647	3650
30	3702	3701	3697	3700
45	3811	3812	3807	3810
60	3719	3721	3720	3720
75	3749	3755	3746	3750
90	3844	3839	3831	3838

图 5-9 与图 5-10 显示的是损伤度范围在 0.2~0.3 的试件进行循环时的动弹性模量，分别代表将被破坏之前与被破坏之后的超声波波速当做基础的试件动弹性模量。由表 5-17~表 5-19 及图 5-9、图 5-10 均可以看出，试件在 30 个循环时，相对动弹性模量达到最大值，这一模量的平均值是 0.755，当循环次数为 90 次时，可以取到最小值，且平均值是 0.296，对基准试件来说，该数值与其比值是

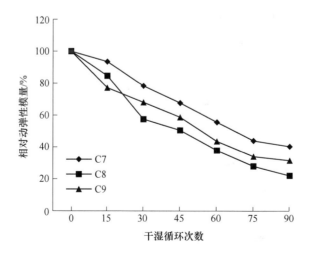

图 5-9   损伤度为 0.2~0.3 的风积沙混凝土试件不同干湿循环次数下的相对动弹性模量

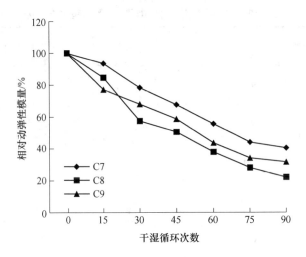

图 5-10 损伤度为 0.2~0.3 的风积沙混凝土试件以损伤后的超声波波速为
基点的相对动弹性模量变化情况

66.0%，而该数值和损伤度范围 0~0.1 试件的比值是 54.4%，和损伤度范围 0.1~0.2 试件的比值是 87.6%。由此能够看出，在损伤度范围 0~0.1 与 0.1~0.2 中的试件，其损伤度水平和混凝土的动弹性模量关系密切。由图 5-10 可以看出，以混凝土受损后的超声波波速为起点的相对动弹性模量在整个实验过程中的变化趋势与图 5-9 是一致的，即其作为图 5-9 的进一步解释说明，表明随着损伤度的进一步增加，氯盐侵蚀作用也进一步加剧，风积沙混凝土抗侵蚀能力进一步降低。

图 5-11 显示的是各种损伤度范围下，氯化钠溶液中试件经过 0~90 次循环干湿交替加速之后的动弹性模量。图 5-11 描述了受预应力风积沙混凝土在氯化钠

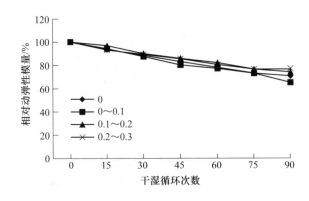

图 5-11 试件在 0~90 次干湿循环后相对动弹性模量变化

环境中的腐蚀失效全过程，由此能够知道，在基准组中其混凝土的相对动弹性模量一直在降低，相较之下，受预应力风积沙混凝土的相对动弹性模量均先提高而后下降。原因在于被预应力破坏的混凝土，其内部也被破坏，而且该混凝土内部的微裂纹以及孔隙也出现了损伤，这对于氯离子来说，可以促使其渗入混凝土内部。在试验初期，Cl^-与水泥的水化产物生成的氯化钙（$3CaO \cdot CaCl_2 \cdot 12H_2O$）等其他氯盐生成物密实了劣化的微裂纹及微孔隙，超声波波速增加，出现了在实验初期相对动弹性模量的增加。当生成物增加到一定程度时，产生膨胀压力，使得超声波通过混凝土的速度降低，导致相对动弹性模量的急剧下降。总体上，与基准风积沙混凝土相比，损伤度为 0~0.1 的预应力风积沙混凝土试件的相对动弹性模量稍有下降；其损伤度范围在 0.1~0.2 与 0.2~0.3 的试件，进行了 50 次循环之后，动弹性模量出现了快速降低，同时当循环次数达到 90 时，该试件的效用已经失去。综上，损伤度水平越高，其对风积沙混凝土抗氯盐腐蚀性能的影响越劣化。

5.4 微观试验分析

在相对动弹性模量及质量损失率分析的基础上，分别选取损伤度为 0、0~0.1、0.1~0.2、0.2~0.3 的 4 组风积沙混凝土试件进行扫描电镜及压汞试验分析，试验结果如图 5-12~图 5-17 和表 5-20、表 5-21 所示。

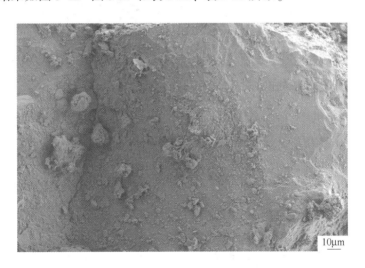

图 5-12 氯盐侵蚀下损伤度为 0 的风积沙混凝土试件电镜试验结果

图 5-13 氯盐侵蚀下损伤度为 0~0.1 的风积沙混凝土试件电镜试验结果

图 5-14 氯盐侵蚀下损伤度为 0.1~0.2 的风积沙混凝土试件电镜试验结果

表 5-20 预应力风积沙混凝土的孔隙率

损伤度	总孔隙率/%	不同损伤度的孔隙率/%				
		<10nm	10~100nm	100~1000nm	1~10μm	>10μm
0	10.38	2.75	2.12	3.56	1.33	0.62
0.1	11.22	2.56	1.89	1.87	1.45	3.45
0.2	13.55	3.65	2.24	2.11	3.02	2.53
0.3	16.47	4.01	2.54	2.96	3.46	3.5

图 5-15 氯盐侵蚀下损伤度为 0.2~0.3 的风积沙混凝土试件电镜试验结果

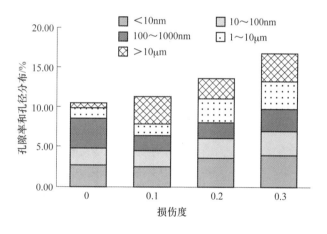

图 5-16 孔隙率和孔径分布

表 5-21 预应力+盐侵作用后风积沙混凝土的孔隙率

损伤度	总孔隙率/%	不同损伤度的孔隙率/%				
		<10nm	10~100nm	100~1000nm	1~10μm	>10μm
0	13.65	2.95	2.62	4.83	1.53	1.72
0.1	13.73	3.56	3.38	5.01	1.68	0.1
0.2	18.59	4.88	3.98	5.99	1.94	1.8
0.3	20.33	5.36	4.32	6.37	2.89	1.39

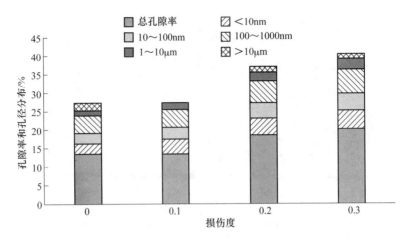

图 5-17 孔隙率和孔径分布

由电镜试验结果图 5-12 ~ 图 5-15 可知，随着损伤度的增加，氯盐侵蚀作用下风积沙混凝土密实程度呈现先增加后降低的整体变化趋势，其中损伤度为 0 ~ 0.1 的风积沙混凝土较损伤度为 0 的风积沙混凝土更为密实。但是，随着损伤度逐步增加至 0.2 ~ 0.3，风积沙混凝土内部孔隙逐渐被胀破，形成一系列较为分散的微裂纹，密实程度出现较大幅度降低。

结合压汞试验结果表 5-20、表 5-21 及图 5-16、图 5-17 可知，损伤度为 0、0 ~ 0.1 的风积沙混凝土在预应力及盐侵作用后总孔隙率相差不大，但损伤度为 0.1 ~ 0.2、0.2 ~ 0.3 的风积沙混凝土较损伤度为 0 的风积沙混凝土总孔隙率分别增大 4.96%、6.68%，且主要表现为 100 ~ 1000nm 之间的孔隙出现较大幅度变化。这表明氯盐侵蚀作用下，风积沙混凝土孔隙率随着损伤度的增加而呈现先稳定后逐步增加的趋势，且内部孔隙有分散的封闭孔，逐步转化为联通孔隙，乃至微裂缝，进而导致风积沙混凝土抗侵蚀能力显著降低。

5.5 本 章 小 结

本章针对应力、盐侵作用下风积沙混凝土劣化进程进行研究，并从宏微观劣化特性角度明确了应力、盐侵作用下风积沙混凝土劣化机理，具体研究结论如下：

（1）氯盐侵蚀作用下，预应力损伤后风积沙混凝土相对动弹性模量及质量变化随损伤度增加呈现先稳定乃至增加的趋势，而后逐步降低，其中，损伤度为 0、0 ~ 0.1 的风积沙混凝土试验结束后仍满足标准要求，损伤度为 0.1 ~ 0.2、0.2 ~ 0.3 的风积沙混凝土则普遍为初始值的一半以下，已不满足标准要求。

（2）氯盐侵蚀作用下，预应力损伤后风积沙混凝土密实程度整体呈现逐步下降的趋势，且孔隙率也随着损伤度的增加而逐步增加，其中，损伤度为 $0.1\sim0.2$、$0.2\sim0.3$ 的风积沙混凝土较损伤度为 0 的风积沙混凝土总孔隙率分别增大 4.96%、6.68%，且主要表现为 $100\sim1000nm$ 之间的孔隙出现较大幅度变化。

（3）氯盐侵蚀作用下，预应力损伤后风积沙混凝土内部微裂纹富集程度随着损伤度的增加而增加，当损伤度较小时，氯盐侵蚀产物可填充内部孔隙及微裂纹，导致其质量及弹性模量略有增加，当损伤度较大时，氯盐侵蚀产物膨胀特性及原有微裂纹共同作用导致风积沙混凝土内部形成联通的裂缝，此时密实程度大幅度降低，总孔隙率呈现较大程度增加，风积沙混凝土抗侵蚀能力大幅度降低。

6 预应力下风积沙混凝土实物 损伤形态验证分析

6.1 冻融损伤实物形态验证分析

将冻融时的损失度视作 $D_t^{(2)}$，这样便于混凝土冻融损伤的变化研究，具体表示如下：

$$D_t^{(2)} = 1 - E_{rd,t} \qquad (6-1)$$

式中 $D_t^{(2)}$——处于湿润环境的试件在经过 t 次循环之后得出的动弹性模量。

将式（6-1）变形为式（6-2）：

$$D_t^{(2)} + E_{rd,t} = 1 \qquad (6-2)$$

式中，$D_t^{(2)}$ 指的是混凝土损伤，而 $E_{rd,t}$ 指的是试件没有受到破坏的性能，这两个数值的和指的就是混凝土耐久性。根据式（6-2）可以对 $D_t^{(2)}$ 进行求解，求出的相应解见表 6-1。

表 6-1   基准组和受损混凝土冻融损伤试验计算值   （%）

循环次数	D0	D1	D2	D3
0	0	2.3	4.5	6.0
25	1.2	6.5	8.4	10.2
50	5.3	8.8	12.4	15.9
75	10.6	14.7	18.6	21.2
100	12.5	16.9	20.6	26.5
125	19.5	26.4	28.9	30.4
150	22.3	29.8	32.7	36.8
175	33.5	36.9	39.8	40.0
200	37.4	41.5	45.6	—

因为风积沙混凝土在冻融的影响之下其演化与单轴应力影响之下的混凝土损伤基本一致，所以能够利用式（6-4）来对混凝土的力学损伤、冻融损伤以及应力损伤的联系进行说明。然后进行选择，并通过式（6-3）来分析 $D_t^{(2)}$，就式（6-4）来说，$D_n^{(2)}$ 为冻融过程中风积沙混凝土的力学损伤，D_σ 为风积沙混凝土的应力损伤，$1/(1-D_\sigma)^c$ 代表的是经过预应力损伤的风积沙混凝土的变化。根据赵庆新等[122-126] 的相关研究可以获取式（6-3），再将结果进行整合可以得到式（6-4），其相关系数 $R^2 = 0.958$。由式（6-4）可以看出，当冻融循环次数为 0 时，风积沙混凝土所受力学损伤为预应力损伤 D_σ，根据 $1/(1-D_\sigma)^c$ 能够知道，风积沙混凝土的冻融损伤 D_f 和预应力损伤息息相关，且 D_σ 越大，加速效果越明显。

$$D_n^{(2)} = D_\sigma + D_f \tag{6-3}$$

$$D_n^{(2)} = D_\sigma + \frac{a}{(1-D_\sigma)^c} \times N^b \tag{6-4}$$

$$D_n^{(2)} = D_\sigma + \frac{0.01581}{(1-D_\sigma)^{1.186}} \times N^{8.787e^{-0.5}} \tag{6-5}$$

式中　$D_n^{(2)}$——力学损伤中的变量，指的是混凝土在进行了 N 次循环之后的损伤度；

$\quad\quad D_\sigma$——风积沙混凝土的预应力损伤；

$\quad\quad N$——冻融循环次数；

$\quad\quad a$，b，c——待定回归参数。

表 6-2 指的是风积沙混凝土的力学损伤拟合变量和实验中相关数据的对比，根据该表能够知道不同试件其力学损伤的拟合变量和实验数据的比值误差都不会超过 0.04，而其平均相对误差也不会超过 15%，这表示实验数据和拟合值相差不大。

表 6-2　风积沙混凝土力学损伤变量拟合值和实验数据之间的差值

D	平均绝对误差	平均相对误差/%
D0	0.028	12.0
D1	0.035	14.6
D2	0.020	13.9
D3	0.038	13.1

由方程可知，预应力损伤的存在加速了风积沙混凝土冻融损伤 D_f 的发展，且 D_σ 越大，加速效果越明显。冻融损伤后实物验证如图 6-1~图 6-4 所示。

(a)

(b)

图 6-1 基准组风积沙混凝土冻融循环后形态

(a) 100 次冻融循环；(b) 200 次冻融循环

(a)

(b)

图 6-2　损伤度为 0~0.1 的初始应力损伤风积沙混凝土冻融后形态

（a）100 次冻融循环；（b）200 次冻融循环

(a)

(b)

图 6-3 损伤度为 0.1~0.2 的初始应力损伤风积沙混凝土冻融后形态

(a) 100 次冻融循环；(b) 200 次冻融循环

(a)

(b)

图 6-4　损伤度为 0.2~0.3 的初始应力损伤风积沙混凝土冻融后形态
（a）100 次冻融循环；（b）200 次冻融循环

6.2 氯盐侵蚀作用下实物损伤形态验证分析

图 6-5~图 6-8 显示的是氯化钠溶液中各种损伤度下的 40mm×40mm×160mm 试件在中干湿交替加速腐蚀环境中的变化。由图可知，损伤度为 0~0.1 的试件在 60 个循环后表面状况仍然完好，90 个循环的破损程度也与基准混凝土类似；损伤度为 0.1~0.2 的试件在 50 个循环后表面就出现了明显破损，90 个循环的破损程度非常严重。原因在于试件被预应力影响之后，会在内部形成破坏，并造成内部微裂纹以及微孔隙的损伤，可以促进氯离子的进入。随着初始损伤程度的提高，试件抗氯化盐腐蚀的性能不断下降。当其损伤度范围在 0~0.1 的时候，基本不会对氯离子的进入产生影响，呈现出来的现象就是被预应力影响的试件，其

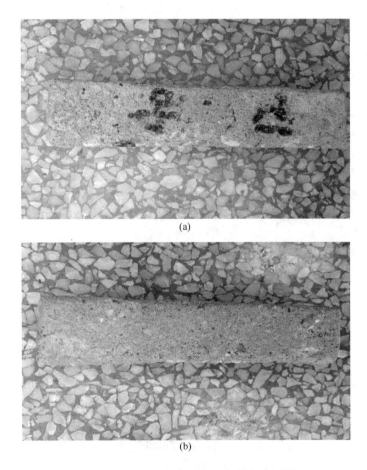

(a)

(b)

图 6-5 基准组风积沙混凝土干湿循环后形态

(a) 45 次循环；(b) 90 次循环

相对动弹性模量和基准组相比会有所降低。损伤度超过 0.1 时，损伤对 Cl^- 侵入的加速作用明显增强，表现为受预应力混凝土试件的相对动弹性模量较基准混凝土显著下降。并且，这些试件的图片可以给我们的研究带来相应的依据。

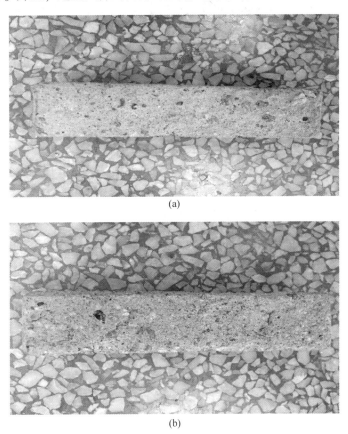

(a)

(b)

图 6-6 损伤度为 0~0.1 的初始应力损伤风积沙混凝土干湿后形态
(a) 45 次循环；(b) 90 次循环

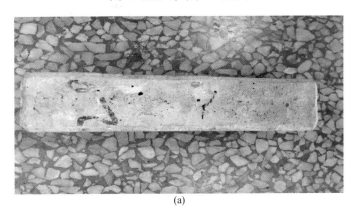

(a)

(b)

图 6-7　损伤度为 0.1~0.2 的初始应力损伤风积沙混凝土干湿后形态

(a) 45 次循环；(b) 90 次循环

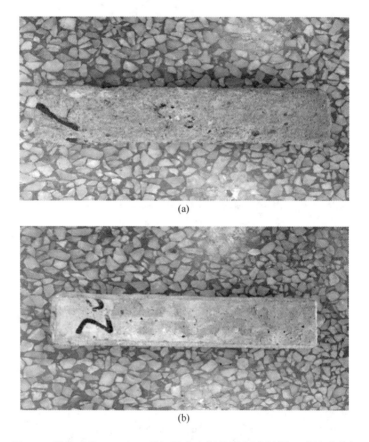

(a)

(b)

图 6-8　损伤度为 0.2~0.3 的初始应力损伤风积沙混凝土干湿后形态

(a) 45 次循环；(b) 90 次循环

6.3 本 章 小 结

本章以预应力风积沙混凝土分别在冻融及氯盐侵蚀环境中的加速腐蚀实验为基础，通过质量损失率与相对动弹性模量两个指标来表征受损混凝土在冻融及氯盐环境中的宏观腐蚀性能，结果表明：

（1）随着损伤度及冻融循环次数的增加，风积沙混凝土表面出现蜂窝、麻面及剥落物的程度逐步增加，且部分试件表面出现贯通裂缝，损伤已从风积沙混凝土外部延伸至风积沙混凝土内部，这进一步说明预应力作用下，风积沙混凝土抗冻性呈现较大幅度下降。

（2）随着损伤度及干湿循环次数的增加，风积沙混凝土表面相对比较完整，试件表面剥落物数量相对较少，且未见由内部延伸至试件表面的贯通裂缝，损伤度较高试件完整度比损伤度较低试件完整度还略好一些，这进一步说明，氯盐侵蚀作用下，风积沙混凝土内部联通裂缝数量较多，抗侵蚀能力下降。

7　应力、盐侵等作用下风积沙混凝土服役寿命预测模型研究

本书 1.2 节关于应力、冻融、氯离子侵蚀及混凝土服役寿命预测模型的综述中已经指出，侵蚀作用下混凝土服役寿命受到较大的影响及变化，且众多学者从不同研究角度、不同分析方法、不同理论依据等方面开展了研究，成果较为突出，其中数值仿真研究因其既有室内加速试验实测数据支撑，又有多样化的结合灰色系统理论、损伤理论、热动力学、菲克扩散定律、化学反应守衡等的理论研究基础，并借助计算机软件技术实现数据的云处理，现实及推广意义重大。但是，无论是室内加速试验，还是数学建模的方法都存在一定的局限性，不可避免地会因为分析手段的固有缺陷而导致不能对混凝土材料在侵蚀作用下的耐久性能做出准确评价。

有鉴于此，作者在室内加速试验的基础之上，结合灰色系统理论、损伤理论及氯盐侵蚀扩散等理论研究成果，并对氯盐侵蚀下风积沙混凝土的劣化过程及损伤机理进行细致分析和研究，进而建立基于氯盐侵蚀的风积沙混凝土服役寿命预测模型。

7.1　预测模型的建立

本研究采用干湿循环的试验手段来进行风积沙混凝土的抗氯盐侵蚀试验，并引入抗压强度耐蚀系数这一指标来评价其抗氯盐侵蚀性能，故作者以抗压强度的变化为基准，并考虑水胶比、风积沙掺量、氯盐浓度等的影响，建立风积沙混凝土抗氯盐侵蚀寿命预测模型，具体如下：

（1）由牛顿冷却定律可知，当物体表面与周围存在温度差时，单位时间从单位面积散失的热量与温度差成正比，比例系数称为热传递系数，而混凝土的衰变是其自身结构的破损引起的，衰变过程即为损伤过程，衰变量即为损伤量，则 f_0 为混凝土损伤前的原有量(抗压强度、弹性模量等)，f_t 为混凝土经衰变至某一时刻 t 的剩余未损伤量，则在 $(t_0 - t)$ 时刻的衰变速率应与该时间段的结构衰减量 $(f_t - f_0)$ 成正比。

又风积沙粉体混凝土初始抗压强度及硫酸盐侵蚀作用下抗压强度试验结果已由试验测得，故在杜应吉等[127]提出的硫酸盐侵蚀模型的基础之上，以抗压强度为评价指标，则得风积沙混凝土的衰变方程如下：

$$\frac{\mathrm{d}f_t}{\mathrm{d}t} = -\lambda(f_t - f_0) \tag{7-1}$$

$$f_t = \alpha f_0 \mathrm{e}^{-\lambda t} \tag{7-2}$$

式中 t——混凝土的龄期；

f_0——初始抗压强度值；

f_t——龄期为 t 时的抗压强度值；

λ——衰减系数；

α——待定常数，由试验测得。

（2）氯盐侵蚀作用下，以抗压强度耐蚀系数不低于 75% 时的最大干湿循环次数来定义其抗氯盐等级，而混凝土为脆性材料，其应力-应变曲线没有屈服阶段，达到破坏荷载时即破碎，故本研究定义当试件抗压强度低于初始抗压强度的 75% 时，即认为风积沙混凝土抗氯盐侵蚀的耐久性寿命已经丧失。

（3）抗压强度与服役寿命 T 的关系。传统混凝土结构进行设计时往往以 50 年作为平均服役寿命周期，此时其衰变系数为 $\lambda = 0.02$，但是，随着时代的发展，道路、交通、水利等工程建设都提出了"安全运行一百年"，甚至永久有效的设计理念，故取衰减系数 $\lambda = 0.002$，并以龄期为 28 天时的抗压强度作为 f_0，同时，氯盐侵蚀下混凝土结构的服役寿命往往与水胶比、氯盐浓度、风积沙掺量等因素关联较为密切，故待定系数取为三者的耦合值，即：

$$T = 500\ln\frac{f_t}{\alpha f_0} = 500\ln\frac{k}{k_w k_s k_m} \tag{7-3}$$

式中 T——混凝土的服役寿命，年；

k——抗压强度耐蚀系数，本研究取 $k \geqslant 0.75$；

k_w，k_s，k_m——分别为不同水胶比、不同氯盐浓度、不同风积沙掺量等因素作用时的修正系数，由试验测得，$\alpha = k_w k_s k_m$。

（4）水胶比修正系数 k_w 的确定。根据试验结果，对水胶比为 0.35、0.4、0.45、0.5、0.55、0.6 时的风积沙粉体混凝土抗硫酸盐侵蚀性能进行分析，并得出水胶比修正系数 k_w 的计算式如表 7-1 所示，同时，运用 MATLAB 拟合软件进行拟合所得拟合结果如图 7-1 所示。

表 7-1　不同水胶比时风积沙混凝土修正系数

水胶比 w	f_0/MPa	f_t/MPa	k_w	拟合方程	拟合优度
0.35	39.85	34.58	0.87		
0.40	36.77	31.59	0.86		
0.45	33.25	27.96	0.87	$k_w = -0.006w^2 +$	0.91
0.50	28.69	21.67	0.84	$0.0184w + 0.858$	
0.55	24.84	18.89	0.76		
0.60	19.68	14.85	0.75		

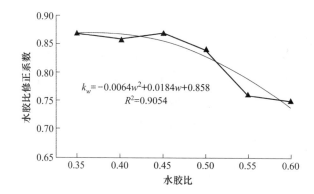

图 7-1　不同水胶比时风积沙混凝土修正系数拟合结果

（5）氯盐浓度修正系数 k_s 的确定。根据试验结果，对氯盐质量浓度为 0%、2.5%、5%、7.5%、10%、12.5% 时的风积沙混凝土抗氯盐侵蚀性能进行分析，并得出氯盐浓度修正系数 k_s 的计算式如表 7-2 所示，同时，运用 MATLAB 拟合软件进行拟合所得拟合结果如图 7-2 所示。

表 7-2　不同氯盐浓度时风积沙混凝土修正系数

氯盐浓度 $s/\%$	f_0/MPa	f_t/MPa	k_s	拟合方程	拟合优度
0	26.8	24.9	0.93		
2.5	26.8	23.4	0.87		
5.0	26.8	22.8	0.85	$k_s = -0.0783s + 1.0507$	0.83
7.5	26.8	21.6	0.81		
10.0	26.8	19.4	0.72		
12.5	26.8	12.9	0.48		

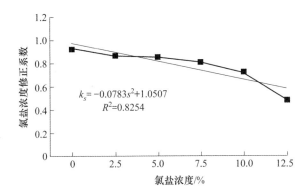

图 7-2 不同氯盐浓度时风积沙混凝土修正系数拟合结果

（6）风积沙掺量修正系数 k_m 的确定。根据试验结果，对风积沙掺量为 0%、20%、40%、60%、80%、100% 时的风积沙混凝土抗氯盐侵蚀性能进行分析，并得出风积沙掺量修正系数 k_m 的计算式如表 7-3 所示，同时，运用 MATLAB 拟合软件进行拟合所得拟合结果如图 7-3 所示。

表 7-3 不同风积沙掺量时风积沙混凝土修正系数

风积沙掺量 m/%	f_0/MPa	f_t/MPa	k_m	拟合方程	拟合优度
0	27.6	21.86	0.79		
20	26.89	22.32	0.83		
40	26.46	23.58	0.89	$k_m = -0.0132m^2 +$	
60	26.68	22.47	0.84	$0.0905m +$	0.84
80	25.38	21.37	0.84	0.712	
100	26.26	20.85	0.78		

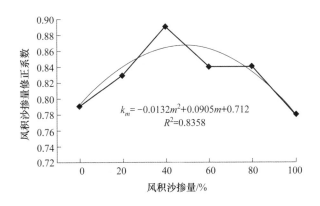

图 7-3 运用 MATLAB 拟合软件所得拟合结果

由上述（1）~（6）论述中可得氯盐侵蚀作用下风积沙混凝土的服役寿命预测公式为：

$$T = 500\ln\frac{f_t}{\alpha f_0}$$

$$= 500\ln\frac{k}{(-0.0006w^2 + 0.0184w + 0.858)(-0.0783s + 1.05)(0.00132m^2 + 0.0905m + 0.712)}$$

$$(7\text{-}4)$$

式中　T——混凝土的服役寿命，年；

　　　　k——抗压强度耐蚀系数，本研究取 $k \geqslant 0.75$；

w，s，m——分别为水胶比、氯盐浓度、风积沙用量。

当水胶比为 0.55，氯盐浓度为 5%、风积沙掺量为 40%、抗压强度耐蚀系数为 0.75 时，代入式（7-4）计算可得风积沙混凝土服役寿命为 137 年，满足混凝土耐久性要求。

7.2　本　章　小　结

本章在系统分析了现有混凝土服役寿命预测模型的基础之上，基于灰色理论与氯盐侵蚀机理，建立了基于氯盐侵蚀的风积沙混凝土服役寿命预测模型，且模型能较好地对风积沙混凝土服役寿命进行预测，这不仅丰富了混凝土服役寿命预测模型的理论研究内容，还为风积沙混凝土的工程应用提供了理论基础。

8　结论与展望

8.1　结　　论

在深刻了解课题背景以及查阅大量文献的基础上，研究了风积沙混凝土自收缩特性、基准组风积沙混凝土和损伤度分别为 0~0.1、0.1~0.2 以及 0.2~0.3 之下的被预应力影响的风积沙混凝土耐久性。最终获得如下结论：

（1）风积沙混凝土的早期无侧限抗压强度均满足 C25 设计要求，风积沙掺量为 60% 时的早期强度还略有提高。

（2）风积沙混凝土收缩变形随风积沙掺量的增加而增加，达到收缩变形稳定的时间也随之增加。收缩变形在 $0h \leqslant t \leqslant 24h$ 内增长较快，$25h \leqslant t \leqslant 72h$ 内逐渐趋于稳定。

（3）风积沙掺量为 60% 及以下时，风积沙混凝土的无侧限抗压强度及劈裂强度均满足设计要求，收缩变形也在可控范围之内，为风积沙混凝土耐久性能等方面的后续研究提供了重要的理论依据，同时也对风积沙混凝土在水利工程、路面工程等工程中的实际应用具有指导意义，应用前景广阔，社会效益与经济效益显著。

（4）风积沙混凝土 72h 之后的自收缩基本达到稳定，自收缩变形达到稳定的时间随粉煤灰、砂率的增加而逐渐变长，随水胶比的增加而逐渐变短；早期总收缩率随水胶比、粉煤灰掺量的增加而逐渐减小，随砂率的增加而增大。

（5）水胶比对风积沙混凝土的自收缩变形的影响最大，其次是砂率，粉煤灰对其的影响最小，水胶比为 0.55 时，风积沙混凝土早期自收缩变形均满足设计要求，这对风积沙混凝土的耐久性研究具有极为深远的现实意义，也为实际工程应用提供了理论支持。

（6）在 Tazawa 模型的基础上提出的修正后的风积沙混凝土自收缩计算模型（ASC 模型）拟合优度较高，完全可以应用于风积沙混凝土自收缩变形的预测。

（7）预应力损伤后，不同损伤度风积沙混凝土经冻融作用后质量损失率及相对动弹性模量变化呈整体增加趋势，且随着损伤度增加，质量损失率及相对动弹性模量变化幅度逐步增大，基准组及损伤度为 0~0.1 组可经受 200 次冻融循环后质量损失率及相对动弹性模量均满足标准要求，损伤度为 0.1~0.2 及 0.2~

0.3 组风积沙混凝土在 75 次及 150 次冻融循环后，质量损失率及相对动弹性模量出现较大幅度降低，抗冻性显著降低。

（8）预应力损伤及冻融作用后，风积沙混凝土微观形貌上随着损伤度的增加而微裂纹逐步扩展，进而发展成较大的联通孔隙，且总孔隙率也随着损伤度的增加而逐步增加，其中损伤度为 0.2~0.3 组风积沙混凝土总孔隙率为 19.86%，100~1000nm 之间孔隙率更是达到 6.37%，抗冻性显著降低。

（9）氯盐侵蚀作用下，预应力损伤后风积沙混凝土相对动弹性模量及质量变化随损伤度增加呈现先稳定乃至增加的趋势，而后逐步降低，其中，损伤度为 0、0~0.1 的风积沙混凝土试验结束后仍满足标准要求，损伤度为 0.1~0.2、0.2~0.3 的风积沙混凝土则普遍为初始值的一半以下，已不满足标准要求。

（10）氯盐侵蚀作用下，预应力损伤后风积沙混凝土密实程度整体呈现逐步下降的趋势，且孔隙率也随着损伤度的增加而逐步增加，其中，损伤度为 0.1~0.2、0.2~0.3 的风积沙混凝土较损伤度为 0 的风积沙混凝土总孔隙率分别增大 4.96%、6.68%，且主要表现为 100~1000nm 之间的孔隙出现较大幅度变化。

（11）氯盐侵蚀作用下，预应力损伤后风积沙混凝土内部微裂纹富集程度随着损伤度的增加而增加，当损伤度较小时，氯盐侵蚀产物可填充内部孔隙及微裂纹，导致其质量及弹性模量略有增加，当损伤度较大时，氯盐侵蚀产物膨胀特性及原有微裂纹共同作用导致风积沙混凝土内部形成联通的裂缝，此时密实程度大幅度降低，总孔隙率呈现较大程度增加，风积沙混凝土抗侵蚀能力大幅度降低。

（12）在对混凝土的冻融情况进行了研究与分析之后，我们构建了相应的演化方程，根据该方程中 $1/(1 - D_\sigma)^c$ 能够知道，混凝土的冻融损伤 D_f 和预应力 D_σ 有密切联系，且 D_σ 越大，加速效果越明显。

（13）基于灰色系统理论及氯盐侵蚀损伤机理，本研究构建了风积沙混凝土服役寿命预测模型，可得本研究工况下风积沙掺量为 40%、水胶比为 0.55、氯盐浓度为 5.0%时，风积沙混凝土服役寿命可达到 137 年，满足规范及设计要求。

8.2 展　　望

本研究主要考虑风积沙混凝土自收缩特性、力学损伤特性、抗冻性及抗氯盐侵蚀特性，一定程度上丰富了风积沙混凝土环境适应性及服役寿命方面的研究，但为了进一步推广风积沙混凝土，提高资源整合及利用效率，后续研究中还可从以下几方面展开研究：

（1）建立三因素乃至多因素影响下风积沙混凝土劣化工况，如应力+冻融+盐侵+碳化耦合作用下风积沙混凝土劣化机理研究，尽可能贴合实际服役环境，进一步缩小理论研究与实际工况之间的差距，降低环境因素的影响。

（2）丰富风积沙混凝土配比方面的研究。本研究配比变量已考虑水胶比、风积沙掺量，后续研究中可从矿物掺合料、外加剂、砂率等因素影响角度出发，充分考虑风积沙混凝土配比的多样性，提供适应不同工况、不同服役需求的风积沙混凝土配比。

（3）本研究已基于灰色系统理论及氯盐侵蚀机理建立了风积沙混凝土服役寿命预测模型，但是，该模型适用仍存在一定局限性，后续研究中可充分考虑硫酸盐侵蚀损伤理论、菲克扩散定律等，建立更符合实际的风积沙混凝土服役寿命模型。

（4）综合考虑，本研究已对风积沙混凝土进行了较为细致的研究，但是，关于风积沙混凝土的未来仍有较多需要探索的空间，后续仍需继续努力。

参 考 文 献

[1] 高矗, 申向东, 王萧萧, 等. 应力损伤轻骨料混凝土抗冻融性能 [J]. 硅酸盐学报, 2014, 42 (10): 1247-1252.

[2] 邹超英, 赵娟, 梁锋, 等. 冻融作用后混凝土力学性能的衰减规律 [J]. 建筑结构学报, 2008, 29 (1): 117-123.

[3] 李金平, 盛煜, 丑亚玲. 混凝土冻融破坏研究现状 [J]. 路基工程, 2007 (3): 1-3.

[4] Shang H, Song Y, Ou J. Behavior of air-entrained concrete after freeze-thaw cycles [J]. 固体力学学报 (英文版), 2009, 22 (3): 261-266.

[5] 李金玉, 曹建国. 混凝土冻融破坏机理的研究 [J]. 水利学报, 1999, 34 (1): 41-49.

[6] 李海燕. 混凝土冻融破坏与桥面裂缝的原因与防治措施 [C] //中国公路学会, 桥梁和结构工程学会. 2001 年桥梁学术讨论会论文集, 2001.

[7] 李中华, 巴恒静, 邓宏卫. 混凝土抗冻性试验方法及评价参数的研究评述 [J]. 混凝土, 2006 (6): 9-11.

[8] 邓敏, 唐明述. 混凝土的耐久性与建筑业的可持续发展 [J]. 混凝土, 1999 (2): 8-12.

[9] 卫军, 吴兴昊. 对岩土工程中混凝土结构的耐久性问题的探讨 [J]. 岩石力学与工程学报, 2002, 21 (1): 140-142.

[10] 苏昊林, 王立久. 混凝土冻融耐久性量化分析 [J]. 混凝土, 2010 (5): 1-2.

[11] Cho T. Prediction of cyclic freeze-thaw damage in concrete structures based on response surface method [J]. Construction & Building Materials, 2010, 21 (12): 2031-2040.

[12] Mu R, Tian W, Zhou M. Moisture migration in concrete exposed to freeze-thaw cycles [J]. Kuei Suan Jen Hsueh Pao/ Journal of the Chinese Ceramic Society, 2010, 38 (9): 1713-1717.

[13] 黄士元, 蒋家奋, 杨南如, 等. 近代混凝土技术 [M]. 西安: 陕西科学技术出版社, 1998.

[14] 徐小巍, 金伟良, 赵羽习, 等. 不同环境下普通混凝土抗冻试验研究及机理分析 [J]. 混凝土, 2010 (2): 21-24.

[15] Espinosa R M, Franke L, Deckelmann G. Model for the mechanical stress due to the salt crystallization in porous materials [J]. Construction & Building Materials, 2008, 22 (7): 1350-1367.

[16] Lubelli B, Hees R P J V, Huinink H P, et al. Irreversible dilation of NaCl contaminated lime-cement mortar due to crystallization cycles [J]. Cement & Concrete Research, 2006, 36 (4): 678-687.

[17] 冀晓东, 宋玉普, 刘建. 混凝土冻融损伤本构模型研究 [J]. 计算力学学报, 2011, 28 (3): 461-467.

[18] Cai H, Liu X. Freeze-thaw durability of concrete: ice formation process in pores [J]. Cement & Concrete Research, 1998, 28 (9): 1281-1287.

[19] Cao J, Chung D D L. Damage evolution during freeze-thaw cycling of cement mortar, studied by

electrical resistivity measurement [J]. Cement & Concrete Research, 2002, 32 (10): 1657-1661.

[20] Penttala V, Al-Neshawy F. Stress and strain state of concrete during freezing and thawing cycles [J]. Cement & Concrete Research, 2002, 32 (9): 1407-1420.

[21] 邹超英, 赵娟, 梁锋, 等. 冻融环境下混凝土应力-应变关系的试验研究 [J]. 哈尔滨工业大学学报, 2007, 39 (2): 229-231.

[22] Hanjari K Z, Utgenannt P, Lundgren K. Experimental study of the material and bond properties of frost-damaged concrete [J]. Cement & Concrete Research, 2011, 41 (3): 244-254.

[23] Shang H S, Song Y P. Experimental study of strength and deformation of plain concrete under biaxial compression after freezing and thawing cycles [J]. Cement & Concrete Research, 2006, 36 (10): 1857-1864.

[24] Shang H S, Song Y P, Qin L K. Experimental study on strength and deformation of plain concrete under triaxial compression after freeze-thaw cycles [J]. Building & Environment, 2008, 43 (7): 1197-1204.

[25] 关宇刚, 孙伟, 缪昌文. 基于可靠度与损伤理论的混凝土寿命预测模型Ⅰ: 模型阐述与建立 [J]. 硅酸盐学报, 2001, 29 (6): 530-534.

[26] 刘荣桂, 付凯, 颜庭成. 基于损伤理论的预应力混凝土冻融破坏研究 [J]. 混凝土, 2007 (1): 1-3.

[27] 王立久, 汪振双, 崔正龙. 基于冻融损伤抛物线模型的再生混凝土寿命预测 [J]. 应用基础与工程科学学报, 2011, 19 (1): 29-35.

[28] 刘明辉, 王元丰. 冻融循环下粉煤灰混凝土弹性模量损伤预测模型 [J]. 土木工程学报, 2011 (S1): 66-70.

[29] 巩鑫, 赵尚传, 贡金鑫. 混凝土硫酸盐侵蚀影响因素和测试方法现状与发展 [J]. 公路交通科技 (应用技术版), 2009 (5): 152-155.

[30] 韩宇栋, 张君, 高原. 混凝土抗硫酸盐侵蚀研究评述 [J]. 混凝土, 2011 (1): 52-56.

[31] 方祥位, 申春妮, 杨德斌, 等. 混凝土硫酸盐侵蚀速度影响因素研究 [J]. 建筑材料学报, 2007, 10 (1): 89-96.

[32] 斯特雷克 P. 普勒. 混凝土腐蚀、破坏的评估与修补 [M]. 北京: 冶金工业出版社, 1991.

[33] 王爱勤, 曹建国, 李金玉, 等. 高浓度和荷载条件下混凝土硫酸盐侵蚀特性及抗侵蚀技术 [C] // 吴中伟院士从事科教工作六十年学术讨论会论文集, 2004.

[34] Mu R, Miao C, Luo X, et al. Interaction between loading, freeze-thaw cycles, and chloride salt attack of concrete with and without steel fiber reinforcement [J]. Cement & Concrete Research, 2002, 32 (7): 1061-1066.

[35] Li W, Sun W, Jiang J. Damage of concrete experiencing flexural fatigue load and closed freeze/thaw cycles simultaneously [J]. Construction & Building Materials, 2011, 25 (5): 2604-2610.

[36] Suzuki T, Ogata H, Takada R, et al. Use of acoustic emission and X-ray computed tomography for damage evaluation of freeze-thawed concrete [J]. Construction & Building Materials,

2010, 24（12）：2347-2352.

[37] 王铁兵. 超声波检测结构水泥混凝土强度的研究［D］. 大连：大连理工大学, 2003.

[38] 谢和平. 岩石、混凝土损伤力学［M］. 徐州：中国矿业大学出版社, 1990.

[39] 盛东劲, 霍加庆. 四川某水电站引入隧洞混凝土腐蚀原因分析及防治建议［J］. 地质灾害与环境保护, 2003, 14（1）：76-78.

[40] 沈新普, 鲍文博, 沈国晓. 混凝土断裂与损伤［M］. 北京：冶金工业出版社, 2004.

[41] Al-Amoudi O S B. Attack on plain and blended cements exposed to aggressive sulfate environments［J］. Cement & Concrete Composites, 2002, 24（3-4）：305-316.

[42] Santhanam M, Cohcn M D, Olek J. Mechanism of sulfate attack：A fresh look：Part 2. Proposed mechanisms［J］. Cement & Concrete Research, 2003, 33（3）：341-346.

[43] Fevziye Aköz, Fikret Türker, Sema Koral, et al. Effects of sodium sulfate concentration on the sulfate resistance of mortars with and without silica fume［J］. Cement & Concrete Research, 1995, 25（6）：1360-1368.

[44] 席耀忠. 水泥研究进展的窗口——简评第十届国际水泥化学会议［J］. 中国建材科技, 1997（4）：1-9.

[45] 赵霄龙, 卫军, 黄玉盈. 混凝土冻融耐久性劣化与孔结构变化的关系［J］. 武汉理工大学学报, 2002, 24（12）：14-17.

[46] Steiger M. Crystal growth in porous materials—Ⅱ：Influence of crystal size on the crystallization pressure［J］. Journal of Crystal Growth, 2005, 282（3-4）：470-481.

[47] Ii J J V, Scherer G W. A review of salt scaling：Ⅰ. Phenomenology［J］. Cement & Concrete Research, 2007, 37（7）：1007-1021.

[48] 刘荣桂, 刘涛, 周伟玲, 等. 受疲劳荷载作用后的预应力混凝土构件冻融循环试验与损伤模型［J］. 南京工业大学学报（自然科学版）, 2011, 33（3）：22-27.

[49] 慕儒, 严安, 严捍东, 等. 冻融和应力复合作用下 HPC 的损伤与损伤抑制［J］. 建筑材料学报, 1999（4）：359-364.

[50] Sun W, Zhang Y M, Yan H D, et al. Damage and its restraint of concrete with different strength grades under double damage factors［J］. Cement & Concrete Composites, 1999, 21（5-6）：439-442.

[51] Sun W, Mu R, Luo X, et al. Effect of chloride salt, freeze-thaw cycling and externally applied load on the performance of the concrete［J］. Cement & Concrete Research, 2002, 32（12）：1859-1864.

[52] 刁波, 孙洋, 叶英华. 持续承载钢筋混凝土梁的冻融循环试验［J］. 中南大学学报（自然科学版）, 2011, 42（3）：785-790.

[53] 余红发, 慕儒, 孙伟, 等. 弯曲荷载、化学腐蚀和碳化作用及其复合对混凝土抗冻性的影响［J］. 硅酸盐学报, 2005, 33（4）：492-499.

[54] 刘燕, 任军, 赵胜利, 等. 弯曲应力损伤下钢筋混凝土抗碳化性能研究［J］. 混凝土, 2020（7）：5-9, 14.

[55] 胡大琳, 徐怀存, 张航, 等. 初始弯曲应力对冻融-碳化后钢筋混凝土梁承载力影响分析［J］. 长安大学学报（自然科学版）, 2020, 40（5）：38-47.

[56] 高奥东. 冲击荷载下冻融混凝土材料性能的数值分析 [D]. 大连：大连理工大学，2020.

[57] 王燕. 冻融环境下混凝土力学行为及结构抗震性能研究 [D]. 西安：西安建筑科技大学，2017.

[58] Tixier R, Mobasher B. Modeling of damage in cement-based materials subjected to external sulfate attack. Ⅱ: Comparison with experiments [J]. Journal of Materials in Civil Engineering, 2003, 15 (4): 314-322.

[59] 刘亚辉，申春妮，方祥位，等. 溶液浓度和温度对混凝土硫酸盐侵蚀速度影响 [J]. 土木建筑与环境工程，2008，30 (1): 129-135.

[60] Santhanam M, Cohen M D, Olek J. Modeling the effects of solution temperature and concentration during sulfate attack on cement mortars [J]. Cement & Concrete Research, 2002, 32 (4): 585-592.

[61] Ping X, Beaudoin J J. Mechanism of sulphate expansion Ⅰ. Thermodynamic principle of crystallization pressure [J]. Cement &Concrete Research, 1992, 22 (4): 631-640.

[62] Zhang L, Liu X R, Wang Z J, et al. Experimental study on sandstone damage model under wet and dry cycle [J]. Electronic Journal of Geotechnical Engineering, 2014, 19: 1931-1943.

[63] 唐春安，朱万成. 混凝土损伤与断裂-数值试验 [M]. 北京：科学出版社，2003.

[64] 林宝玉，蔡跃波，单国良. 保证和提高我国港工混凝土耐久性措施的研究与实践 [C]//吴中伟院士从事科教工作六十年学术讨论会论文集，2004.

[65] 林宝玉. 我国港工混凝土抗冻耐久性指标的研究与实践 [C]//混凝土结构耐久性设计与施工论文集，2004: 81-91.

[66] 关宇刚，孙伟，缪昌文. 基于可靠度与损伤理论的混凝土寿命预测模型Ⅱ：模型验证与应用 [J]. 硅酸盐学报，2001，29 (6): 535-540.

[67] 陈肇元. 混凝土结构的耐久性设计方法 [J]. 建筑技术，2003，34 (6): 328-333.

[68] Schneider U, Chen S W. Modeling and empirical formulas for chemical corrosion and stress corrosion of cementitious materials [J]. Materials and Structures, 1998, 31 (10): 662-668.

[69] 马俊军，蔺鹏臻. 基于细观尺度的 UHPC 氯离子扩散预测 CA 模型 [J]. 材料导报，2022，36 (5): 106-111.

[70] 鞠学莉，吴林键，刘明维，等. 考虑氯离子侵蚀维度的钢筋混凝土码头服役寿命预测 [J]. 材料导报，2021，35 (24): 24075-24080，24087.

[71] 李万金，郭力，周鑫，等. 氯离子侵蚀混凝土及细观参数影响的近场动力学模拟 [J]. 东南大学学报（自然科学版），2021，51 (1): 30-37.

[72] 张跃，申林方，王志良，等. 考虑温度时变效应氯离子侵蚀混凝土的格子 Boltzmann 数值模型 [J]. 材料导报，2021，35 (16): 16035-16041.

[73] 宋鲁光，宋杨，王海. 三重因素作用下矿渣混凝土抗氯离子侵蚀性能研究 [J]. 常州工学院学报，2021，34 (1): 12-15.

[74] Shang Huaishuai, Yang Jiaxing, Huang Yue, et al. Study on the bond behavior of steel bars embedded in concrete under the long-term coupling of repeated loads and chloride ion erosion [J]. Construction and Building Materials, 2022, 323.

［75］ Ghanooni Bagha Mohammad. Influence of chloride corrosion on tension capacity of rebars ［J］. Journal of Central South University, 2021, 28 (10) .

［76］ Dong W Y, Fang C Q, Yang S. Influence of lateral impact on reinforced concrete piers under drying-wetting cycle and chloride ion corrosion environment ［J］. Bridge Structures, 2021, 17 (1-2) .

［77］ Tian Yaogang, Jiang Jing, Wang Shuaifei, et al. The mechanical and interfacial properties of concrete prepared by recycled aggregates with chloride corrosion media ［J］. Construction and Building Materials, 2021, 282: 122653.

［78］ Wen Qingqing, Chen Mengcheng. Study on the nonlinear performance degradation of reinforced concrete beam under chloride ion corrosion ［J］. Engineering Failure Analysis, 2021, 124: 105310.

［79］ 付士健. 高强混凝土在不同内约束因素下的自收缩变化规律研究 ［J］. 甘肃科学学报, 2021, 33 (5): 112-119.

［80］ 邓宗才, 连怡红, 赵连志. 膨胀剂、减缩剂对超高性能混凝土自收缩性能的影响 ［J］. 北京工业大学学报, 2021, 47 (1): 61-69.

［81］ 李长杰, 林杰, 尹耀霄, 等. 集料和膨胀剂对超高性能混凝土自收缩影响研究 ［J］. 武汉理工大学学报, 2019, 41 (12): 25-30.

［82］ 岳晓东. 碱渣内养护剂对低水胶比混凝土自收缩及开裂性能影响研究 ［D］. 广州: 华南理工大学, 2019.

［83］ 钟佩华. 高吸水性树脂 (SAP) 对高强混凝土自收缩性能的影响及作用机理 ［D］. 重庆: 重庆大学, 2015.

［84］ 江晨晖, 杨杨. 混凝土的自收缩与其抗压强度的相关性 (英文) ［J］. 硅酸盐学报, 2015, 43 (11): 1671-1678.

［85］ Hilloulin Benoît, Tran Van Quan. Using machine learning techniques for predicting autogenous shrinkage of concrete incorporating superabsorbent polymers and supplementary cementitious materials ［J］. Journal of Building Engineering, 2022, 49: 104086.

［86］ Science-Materials Science; Researchers from College of Engineering Report Details of New Studies and Findings in the Area of Materials Science (Pozzolanic reactivity and the influence of rice husk ash on early-age autogenous shrinkage of concrete) ［J］. Science Letter, 2019.

［87］ Shen Dejian, Wang Xudong, Cheng Dabao, et al. Effect of internal curing with super absorbent polymers on autogenous shrinkage of concrete at early age ［J］. Construction and Building Materials, 2016, 106: 512-522.

［88］ Zhuang Yizhou, Zheng Dengdeng, Ng Zhen, et al. Effect of lightweight aggregate type on early-age autogenous shrinkage of concrete ［J］. Construction and Building Materials, 2016, 120: 373-381.

［89］ Ji Tao, Zhang Binbin, Zhuang Yizhou, et al. Effect of lightweight aggregate on early-age autogenous shrinkage of concrete ［J］. ACI Materials Journal, 2015, 112 (3): 355-363.

［90］ Materials Science; Findings from Northwestern University Yields New Findings on Materials Science (Statistical justification of Model B4 for drying and autogenous shrinkage of concrete and comparisons to other models) [J]. Technology & Business Journal, 2015.

[91] Mija H Hubler, Roman Wendner, Zdenek P Bazant. Statistical justification of Model B4 for drying and autogenous shrinkage of concrete and comparisons to other models [J]. Materials and Structures, 2015, 48 (4): 797-814.

[92] 陈宣东, 章青, 顾鑫, 等. 基于概率分析的钢筋混凝土结构服役寿命预测研究 [J]. 中国腐蚀与防护学报, 2021, 41 (5): 673-678.

[93] 吴彰钰, 余红发, 麻海燕, 等. 基于可靠度的海洋浪溅区大掺量矿渣混凝土结构服役寿命预测 [J]. 材料导报, 2019, 33 (2): 264-270.

[94] 达波, 余红发, 麻海燕, 等. 热带岛礁环境下全珊瑚海水混凝土结构服役寿命的可靠性 [J]. 硅酸盐学报, 2018, 46 (11): 1613-1621.

[95] 张云清. 氯化物盐冻作用下混凝土构件的耐久性评估与服役寿命设计方法 [D]. 南京: 南京航空航天大学, 2011.

[96] 金祖权. 西部地区严酷环境下混凝土的耐久性与寿命预测 [D]. 南京: 东南大学, 2006.

[97] 李北星, 袁晓露, 崔巩, 等. 应用灰色系统理论预测硫酸盐侵蚀环境下混凝土的强度劣化规律及服役寿命（英文）[J]. 硅酸盐学报, 2009, 37 (12): 2112-2117.

[98] Yi Chaofan, Chen Zheng, Bindiganavile Vivek. A non-homogeneous model to predict the service life of concrete subjected to external sulphate attack [J]. Construction and Building Materials, 2019, 212: 254-265.

[99] Mohamed R Sakr, Osama El-Mahdy, Karim El-Dash. Effect of different factors on the service life of concrete structures in chloride environment: A parametric study—Part two [J]. International Journal of Advanced Engineering Research and Science, 2016, 3 (8): 77-82.

[100] Ronaldo A de Medeiros-Junior, Maryangela G de Lima, Marcelo H F de Medeiros. Service life of concrete structures considering the effects of temperature and relative humidity on chloride transport [J]. Environment, Development and Sustainability, 2015, 17 (5): 1103-1119.

[101] Mangaiyarkarasi G, Muralidharan S. Electrochemical protection of steel in concrete to enhance the service life of concrete structures [J]. Procedia Engineering, 2014, 86: 615-622.

[102] Vedalakshmi R. Prediction of service life of concrete structures using corrosion rate model [J]. Proceedings of the Institution of Civil Engineers-Structures and Buildings, 2012, 165 (2): 95-108.

[103] Dale P Bentz, Kenneth A Snyder, Max A Peltz. Doubling the service life of concrete structures. II: Performance of nanoscale viscosity modifiers in mortars [J]. Cement and Concrete Composites, 2009, 32 (3): 187-193.

[104] 尤启俊, 顾本庭, 田新. 外加剂对混凝土收缩性能的影响 [J]. 广东建材, 2000, 2: 21-24.

[105] 王永平. 混凝土收缩试验研究 [D]. 天津: 天津大学, 2010.

[106] 高小建, 阚雪峰, 杨英姿. 单面干燥条件下混凝土的收缩变形分布特征 [J]. 硅酸盐学报, 2009, 37 (1): 87-91.

[107] 祝雯. 自密实混凝土收缩变形的影响因素与控制 [D]. 武汉: 武汉大学, 2005.

[108] 苗苗, 阎培渝. 水胶比和粉煤灰掺量对补偿收缩混凝土自收缩特性的影响 [J]. 硅酸盐学报, 2012, 11: 1607-1612.

[109] 蔡贵生. 特细砂混凝土塑性收缩裂缝研究 [D]. 重庆: 重庆大学, 2004.

[110] 沈晓钧. 特细砂高性能混凝土研究与应用 [D]. 咸阳: 西北农林科技大学, 2008.

[111] 张向斌. 特细砂泵送混凝土收缩特性试验研究 [D]. 咸阳: 西北农林科技大学, 2009.

[112] 崔正龙, 吴翔宇, 童华彬. 砂率对再生混凝土强度及干燥收缩性能影响 [J]. 硅酸盐通报, 2014, 11: 3054-3057, 3062.

[113] 刘昊. 混凝土早期收缩和开裂的研究 [D]. 哈尔滨: 哈尔滨工业大学, 2013.

[114] 赵桂祥. 自密实混凝土早期性能的研究 [D]. 上海: 同济大学, 2006.

[115] 张君, 侯东伟, 高原. 混凝土自收缩与干燥收缩的统一内因 [J]. 清华大学学报 (自然科学版), 2010 (9): 1321-1324.

[116] 李政. 自密实粉煤灰混凝土的研究与应用 [D]. 西安: 西北工业大学, 2006.

[117] 张雄, 高鹏. 骨料对混凝土干缩性能的影响 [J]. 粉煤灰综合利用, 2014, 2: 3-7.

[118] EN 1992-1-1 Eurocode 2: Design of Concrete Structures. Part 1-1. General Rules and Rules for Buildings [S].

[119] Miyazawa S, Kuroi T, Tazawa E. Autogenous shrinkage of cementitious materials at early age [C]//Proceedings of the Third International Workshop on Control of Crackings in Early age Concrete. Sendai, 2002: 203-212.

[120] Kewalramani M A, Gupta R. Concrete compressive strength prediction using ultrasonic pulse velocity through artificial neural networks [J]. Automation in Construction, 2006, 15 (3): 374-379.

[121] 徐道远, 冯伯林, 郭建中. 混凝土 II 型断裂的 FCM 和断裂能 [J]. 河海大学学报 (自然科学版), 1990 (3): 8-14.

[122] 赵庆新, 康佩佩. 力学损伤对混凝土抗冻性的影响 [J]. 建筑材料学报, 2013, 16 (2): 326-329.

[123] 康佩佩. 受损混凝土抗冻融研性能究 [D]. 秦皇岛: 燕山大学, 2012.

[124] 李东华. 受损混凝土抗硫酸盐腐蚀性能研究 [D]. 秦皇岛: 燕山大学, 2012.

[125] 王浩宇, 田稳苓. 聚乙烯醇纤维水泥基复合材料的力学性能及抗冻性能试验研究 [J]. 工业建筑, 2017, 47 (1): 123-125.

[126] 高矗. 石灰石粉和应力损伤对轻骨料混凝土性能的影响研究 [D]. 呼和浩特: 内蒙古农业大学, 2015.

[127] 杜应吉, 李元婷. 高性能混凝土抗硫酸盐侵蚀耐久寿命预测初探 [J]. 西北农林科技大学学报 (自然科学版), 2004 (12): 100-102.